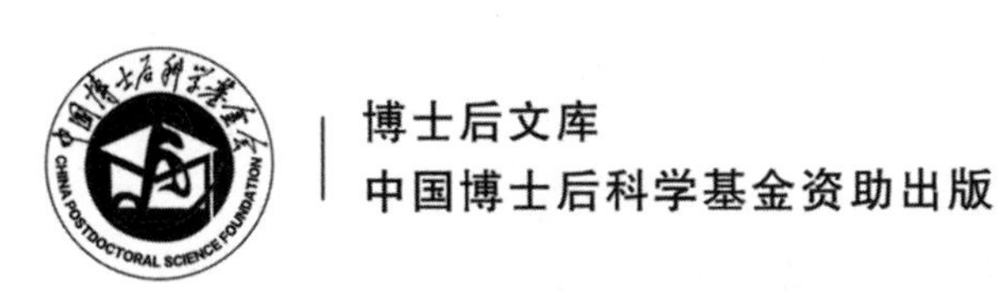

车载探地雷达系统的开发及其应用

许献磊 著

科 学 出 版 社
北 京

内 容 简 介

由于现有可用于路面探测的探地雷达系统还不能完全满足高速探测的要求，本书作者开发的一套车载高速、双通道、超宽带的探地雷达系统，可实现路面及路基信息的快速、准确获取，从而掌握公路的质量、生命周期状况。全书描述探地雷达系统的总体设计和系统架构、基于阶跃恢复二极管的脉冲电路板设计原理、数据传输与存储中的瓶颈问题及问题解决的途径、超宽带探地雷达天线知识、雷达数据处理软件开发问题、探地雷达系统的实验及雷达数据的处理。

本书可供探地雷达应用领域的广大科技工作者、工程技术人员参考使用，也可作为高等院校有关专业研究生的教学参考书。

图书在版编目（CIP）数据

车载探地雷达系统的开发及其应用/许献磊著. —北京：科学出版社，2019.3

（博士后文库）

ISBN 978-7-03-060691-4

I. ①车… II. ①许… III. ①车载雷达-探地雷达-雷达系统-系统开发-研究 IV. ①TP959.71

中国版本图书馆 CIP 数据核字（2019）第 039553 号

责任编辑：杨光华 / 责任校对：董艳辉
责任印制：彭　超 / 封面设计：陈　敬

科学出版社 出版
北京东黄城根北街 16 号
邮政编码：100717
http://www.sciencep.com

中国科学院印刷厂印刷

科学出版社发行　各地新华书店经销

*

开本：B5（720×1000）
2019 年 3 月第　一　版　印张：9
2019 年 3 月第一次印刷　字数：179 000

定价：68.00 元

（如有印装质量问题，我社负责调换）

《博士后文库》编委会名单

作 者 简 介

许献磊，男，1982 年生，河南南阳市人，博士，中国矿业大学（北京）副研究员。2006 年本科毕业于解放军信息工程大学，2009 年硕士研究生毕业于中国矿业大学（北京），2013 年博士研究生毕业于中国矿业大学（北京）（其中 2010.10～2012.9 在美国佛蒙特大学联合培养），2015 年 6 月于中国矿业大学（北京）地质资源与地质工程博士后流动站出站并留校工作。目前主要从事探地雷达仪器开发和研制、城市道路地下病害检测和识别、矿井灾害源超深探测等应用研究。主持或参与了“十三五”国家重点研发计划、国家重大仪器设备开发专项、自然基金仪器专项、国家自然科学青年基金、中国博士后科学基金等项目。以第一作者或通讯作者在 Journal of Applied Geophysics、Microelectronics Journal 等期刊发表学术论文 30 余篇，授权国家发明专利 13 项，出版专著 1 部，获国家科技发明二等奖 1 项（排名第 3），中国专利金奖 1 项（排名第 2），省部级科技进步一等奖 1 项（排名第 2）、二等奖 3 项、三等奖 1 项，获 2016 年度全国煤炭青年科学技术奖。担任 Advances in Mechanical Engineering、Environmental Earth Sciences、International Journal of Coal Science & Technology 等期刊的审稿人。

《博士后文库》序言

1985 年，在李政道先生的倡议和邓小平同志的亲自关怀下，我国建立了博士后制度，同时设立了博士后科学基金。30 多年来，在党和国家的高度重视下，在社会各方面的关心和支持下，博士后制度为我国培养了一大批青年高层次创新人才。在这一过程中，博士后科学基金发挥了不可替代的独特作用。

博士后科学基金是中国特色博士后制度的重要组成部分，专门用于资助博士后研究人员开展创新探索。博士后科学基金的资助，对正处于独立科研生涯起步阶段的博士后研究人员来说，适逢其时，有利于培养他们独立的科研人格、在选题方面的竞争意识以及负责的精神，是他们独立从事科研工作的“第一桶金”。尽管博士后科学基金资助金额不大，但对博士后青年创新人才的培养和激励作用不可估量。四两拨千斤，博士后科学基金有效地推动了博士后研究人员迅速成长为高水平的研究人才，“小基金发挥了大作用”。

在博士后科学基金的资助下，博士后研究人员的优秀学术成果不断涌现。2013年，为提高博士后科学基金的资助效益，中国博士后科学基金会联合科学出版社开展了博士后优秀学术专著出版资助工作，通过专家评审遴选出优秀的博士后学术著作，收入《博士后文库》，由博士后科学基金资助、科学出版社出版。我们希望，借此打造专属于博士后学术创新的旗舰图书品牌，激励博士后研究人员潜心科研，扎实治学，提升博士后优秀学术成果的社会影响力。

2015 年，国务院办公厅印发了《关于改革完善博士后制度的意见》（国办发〔2015〕87 号），将“实施自然科学、人文社会科学优秀博士后论著出版支持计划”作为“十三五”期间博士后工作的重要内容和提升博士后研究人员培养质量的重要手段，这更加凸显了出版资助工作的意义。我相信，我们提供的这个出版资助平台将对博士后研究人员激发创新智慧、凝聚创新力量发挥独特的作用，促使博士后研究人员的创新成果更好地服务于创新驱动发展战略和创新型国家的建设。

祝愿广大博士后研究人员在博士后科学基金的资助下早日成长为栋梁之材，为实现中华民族伟大复兴的中国梦做出更大的贡献。

中国博士后科学基金会理事长

前　　言

随着高速公路的快速发展，道路质量检测任务日益加重，如何在不损坏路面结构和不影响车辆正常行驶速度的前提下，快速、准确地获取路面及路基信息，从而掌握公路的质量和生命周期状况显得尤为重要。虽然部分雷达可用于路面探测，但是基于雷达工作须遵守电磁辐射理论，更受到采样方式、采样率、天线耦合方式等的限制，这些仪器设备也存在一些缺陷，如脉冲波形辐射功率低、信号采样率较低，机械结构笨重，在地面耦合天线测量时要求天线必须安装在靠近检测面等。这些不利因素都大大限制了探地雷达系统的扫描探测速度，导致了探测效率低，在高速公路质量探测中则会引起交通堵塞或者交通中断，而且不能大面积快速地获取路面及路基信息。

本书以克服上述缺陷为目标，首先设计开发了一套车载高速、双通道、超宽带的探地雷达系统；其次以 MATLAB 为开发平台，设计开发一套模块化雷达图像处理软件——GIMAGE；最后以室内、室外应用实验和正演模型对比实验为例，对开发的探地雷达硬件和软件进行验证，数据处理结果表明室内实验中钢筋深度的探测精度可达到±0.77 cm，室外实验也可快速地获取公路病害信息，验证了该新型探地雷达系统和处理软件在实际道路检测应用中的有效性。

全书共 7 章。第 1 章首先分析公路质量检测探地雷达系统开发的研究背景，汇总探地雷达系统开发及其在公路质量检测应用的国内外研究现状，指出当前研究中存在的问题，依此提出本书的研究内容。第 2 章在详细阐述电磁波传播理论和探地雷达工作原理的基础上，介绍探地雷达测量方式和空间分辨率的概念；以及探地雷达系统结构和分类，描述探地雷达系统的总体设计和系统架构，并在分析高速公路路面结构的基础上分析高速公路的病害种类。第 3 章主要介绍超宽带极窄脉冲生成的原理，在此基础上详细阐述基于阶跃恢复二极管的脉冲电路板设计过程。第 4 章在对比分析等效采样和实时采样的基础上介绍本书雷达系统的数据采样单元，并重点阐述数据传输与存储中的瓶颈问题及问题解决的途径，还介绍基于 LabVIEW 开发环境下的数据采集交互控制系统的开发与设计。第 5 章介绍分析超宽带雷达天线的种类及其发展历程，详细介绍喇叭天线、Vivaldi 天线及蝶形天线的特性，并在分析现有的 6 对超宽带雷达天线的回波损耗特性（S_{11}）和电压驻波比的基础上，优选出适用于本书雷达系统的超宽带雷达天线；并基于现场可编程门阵列进行双通道同步和高速数字化仪同步的开发与设计，最终实现雷达分系统的同步和整合。第 6 章在雷达图像处理软件功能需求的基础上，从数据结构和功能结构出发主要阐述以 MATLAB 为基础平台开发的 GIMAGE 图像处理软件。第 7 章以室内、室外应用实验和正演模型对比实验为例，对该雷达硬件和软件系统进行测试验证；在分析钢筋反射信号曲线特征的基础上详细介绍数据处理的步骤和流程，并对室内雷达实验和数字正演模型实验的探测精度进行分析和对比；室外实验结果表明公路病害信息可快速地被获取，从而验证该新型探地雷达系统和处理软件在实际道路检测应用中的有效性。

衷心感谢尊敬的导师彭苏萍院士。感谢彭老师给予我莫大信任、鼓励、帮助和培养，我才能在正确的人生道路上不断地前进。在博士后研究的选题、思路的设计、论文的撰写过程中，我一直得到了彭老师的悉心指导。彭老师严谨的科学态度、一丝不苟的治学精神、精益求精的工作作风，使我受益终生。同时还要感谢课题组同事的关心、支持和帮助。

由于作者学识浅薄，书中尚有不妥之处，敬请各位读者批评指正。

许献磊

2019 年 1 月于北京

目　　录

第1章 绪　论

本章介绍公路质量检测的重要性，以及探地雷达系统用于公路质量探测的研究背景，详细总结和归纳探地雷达系统开发及其在公路质量检测应用的国内外研究现状，指出当前研究中存在的问题，最后提出本书的研究内容。

1.1 研究背景

作为社会经济发展的产物，高速公路在近 30 年来发展迅猛[①]。高速公路指采用立体交叉、出入口完全控制、两向分隔行驶的多车道公路。德国于 1931 年建成并于 1932 年 8 月开通的长约 30 km 的公路是世界上最早的高速公路。高速公路状况不仅反映了一个国家和地区的交通发达程度，而且也反映了其经济发展的整体水平。

据统计，截至 2017 年底，全世界已有 80 多个国家和地区拥有高速公路。其中，中国高速公路通车里程达到 131 000 km，居世界首位。中国最早兴建高速公路的是台湾省，1970 年开始兴建北起基隆、南至高雄的南北高速公路，于 1978 年 10 月竣工。大陆兴建高速公路起步较晚，但起点高、发展快。1984 年底上海沪嘉高速公路动工，1988 年 10 月 31 日通车，成为大陆高速公路的先导。

高速公路等级高，设计标准高，工程质量要求严格，后期更需要专门的人员进行监测和维护。混凝土作为路桥工程建筑中一种常用和重要的材料被广泛地应用，其质量直接关系到工程质量。混凝土结构体常出现的质量问题有：①混凝土内部钢筋的大小、深度不合格及其分布不均；②混凝土保护层厚度不足、破损、裂隙、脱空、空洞、渗漏带、不密实区及其所引起的钢筋腐蚀问题；③长期使用过程中的自然腐蚀、冰冻、火灾等。这些问题严重影响了工程质量，对公民的生命财产造成了极大的隐患。

随着时间的推移，这些基础设施结构缺陷及老化问题会越来越严重。根据美国道路交通建设商联合会研究报告显示：截至 2016 年，美国有超过 55 000 座桥梁被认为存在结构性缺陷或功能过时老化的问题，占到美国桥梁总量的 8.95%，这些

---

① 百度百科. 高速公路.（2014-04-06）[2018-11-29]. http://baike.baidu.com/view/13570.htm.

存在结构性缺陷的桥梁每天通过量约为 1.85 亿次。美国现有桥梁 614 387 座，其中 40%桥梁的服役年限已达 50 年以上，另外，有 15%的桥梁服务年限在 18～40 年。而美国现有桥梁的平均服务年限为 43 年，大部分桥梁的设计寿命是 50 年，因此，越来越多的桥梁将很快面临大修或退役。2012 年美国花费在桥梁项目上的投资为 175 亿美元，其中联邦政府投入 60 亿美元，各州和地方政府投资额为 115 亿美元。与 2006 年在桥梁上花费的 115 亿美元相比，这个数字大幅增加。最新的联邦评估显示，美国积压的桥梁修复工程花费高达 1 230 亿美元。中国高速公路建设起步晚，但 20 多年过去了，高速公路及桥梁的结构缺陷及老化问题马上到来，都需要社会制定一个长期的、全面的战略，而这些工作的一个重要前提就是获取这些路桥基础设施的生命周期信息。

高速公路的质量问题给公路管理部门带来了日益加重的道路质量检测任务。传统的检测方法均是通过选择采样点、打孔取样等方式获得公路路面内部的病害特征，如钻孔取心法、环刀法等，从而获取公路路层厚度、路基压实程度、水分含量等参数信息（金桃 等，2002）。这些传统的检测方法因具有破坏性特征，并受有限个采样点、代表性差和无法准确探测内部隐患的限制，其广泛应用也受到限制。如何在不损坏路面结构和不影响车辆正常行驶的前提下，快速、准确地获取路面及路基信息，掌握公路的质量和生命周期状况显得尤为重要。

无损检测是指在不损害目标体实用性能的情况下，对目标体的几何形态、材料成分及目标体性能进行检查，进而获取目标体特征信息的技术（吴丰收，2009；李家伟，2002）。探地雷达（ground penetrating radar，GPR）是一种通过电磁波的发射和反射进而确定目标体特征信息的无损探测技术。作为一种新兴的无损检测技术，探地雷达技术较传统探测技术有突出的优势，如探测速度快、便于定位、探测精度高、操作灵活等，目前它已经被广泛地应用在公路质量检测、桥梁检测、管线探测等方面（许献磊 等，2012）。

1.2 国内外研究现状

1.2.1 探地雷达技术设备的研究现状

探地雷达出现于 20 世纪初。其发展大致可以分为三个阶段（Uddin，2006）：1904～1930 年的发明阶段、1930～1980 年的发展阶段和 1980 年至今的成熟阶段。1904 年，德国人 Hulsmeyer 用电磁波信号就可以探测远距离的地面物体；1910 年 Leimbach 和 Lowy 提出了探测埋藏物体的方法，基于高导电率的介质对电磁波的衰减作用，将偶极子天线埋设在两孔洞中进行发射与接收，通过比较不同孔洞之间接收信号的幅度差别，可以对介质中电导率高的部分进行定位。后来 Leimbach 等（1910）用两个分离的天线进行电磁波的发射与接收，用于探测地下水和矿层。1926 年 Hdlsenbeck 第一个提出应用电磁脉冲技术探测地下目标物，并指出介电常数不同的介质交界面会产生电磁波反射，这个结论成为探地雷达研究的基本理论依据。随后，电磁脉冲技术探测地下目标得到了广泛的发展，但是探地雷达的应用初期仅限于对电磁波吸收很弱的冰层、岩盐等介质的探测，主要原因是电磁波在地下传播的复杂性及较强的地下介质电磁能量衰减特性（孟凡菊，2010；吴丰收，2009）。20 世纪 70 年代以后，随着电子技术的发展及先进数字处理技术的应用，探地雷达的应用才扩展到土层、煤层、岩层等有耗介质中。

世界上最早出现的雷达系统是连续波雷达系统，它较适合于检测单个运动目标体，其中就单频、多频、调频连续波雷达来说，只有调频连续波雷达能测量目标体的运动速度和距离。1924 年，英国最先使用调频连续波雷达测量电离层高度，后又用作无线电高度表，但其受限制于发射和接收系统两者之间的隔离难题。调频连续波雷达从 20 世纪 60 年代才开始真正的装备应用，20 年后，固态电路和微机的应用才大大改善了这种雷达的自检能力、抗核辐射能力和抗干扰能力。

超宽带（ultra wide band，UWB）技术是通过对极短单脉冲进行一系列的加工和处理，实现通信、探测和遥感等功能的技术，其中心频率至少达到 500 MHz。与传统的“窄带”和普通的“宽带”技术相比，它们主要的区别就是超宽带技术具有很大的带宽。在超宽带技术发展的初期，人们因其技术特点，也将它称为脉冲无线电。Louisde Rosa 在 1942 年提出利用脉冲传递信号的专利申请（Barrett，2002）。20 世纪 60 年代后期，Gerald Ross 和 Henning Harmuth 研究了脉冲传输系统的主要部件和脉冲收发信机的设计，主要集中在脉冲的产生和检测技术（Barrett，2002）。从 20 世纪 60～70 年代开始，脉冲技术主要用于非通信领域的商业应用。第一个超宽带无线通信系统专利于 1973 年获得批准。超宽带技术在 1994 年以前的应用集中于军事领域，此后，美国军方解除了此项技术的限制，超宽带技术在民用领域的巨大潜力促使此项技术的飞速发展。2002 年 4 月，美国联邦通信委员会（Federal Communications Commission，FCC）发布了关于超宽带技术的标准规范，是超宽带技术发展的一个重要里程碑，详细情况将在第 3 章详细描述（梁甸农 等，1998）。

目前，国外许多研究机构进行探地雷达研究，如英国的利物浦大学、挪威科技大学、比利时布鲁塞尔皇家军事学院、法国-德国的 Saint-Louis 研究所、瑞典的国防研究局及查尔姆斯理工大学等（Daniels，1996）。此外还有美国俄亥俄州立大学电子工程系的 Chen 和 Gupta 等进行未爆炸物探测等方面的研究；美国的堪萨斯大学近年在研究探地雷达用于美国航空航天局探测火星的应用等等（Waheed Uddin，

2006)。国外也有不少商用探地雷达产品，如加拿大探头及软件公司（Sensors & Software Inc. SSI)的 Pulse EKKO 系列雷达、英国的 ERA 航空电子工程公司的 SPR scan 系列雷达、美国地球物理探测设备公司（Geophysical Survey Systems，Inc. GSSI）的 SIR 系列雷达、意大利 IDS 公司的 RIS-IIK 系列雷达、瑞典地质公司的 RAMAC/GPR 钻孔雷达系列、日本应用地质株式会社的 GEORADAR 系列雷达等。这些探地雷达系统已经在世界各地得到广泛的应用。

国内对探地雷达的研究起步较晚。目前在国内广泛应用进口探地雷达，主要有以下几种：加拿大探头及软件公司的 Pulse EKKO 系列、美国地球物理探测设备公司的 SIR 系列、日本应用地质株式会社的 GEORADAR 系列、瑞典地质公司的 RAMAC/GPR 钻孔雷达系列等。在这些探地雷达的产品中，中心频率一般在 10～1 000 Hz，时窗小于 20 000 ns，探测深度可达 50 多米，分辨率达厘米级。我国科研机构和团体经过多年的研究，在雷达硬件设备、信号提取、处理及成像等方面取得了重大突破，如中国矿业大学（北京）的 GR 系列探地雷达、大连理工大学的 DTL-1 型探地雷达、中国电波传播研究所青岛分所自主研发的 LTD 系列探地雷达、东南大学的 GPR-1 型探地雷达等。这些雷达的研制成功打破了长期以来进口产品在国内的垄断地位。另外，中国地质大学等通过引进国外的探地雷达产品，在探地雷达理论和应用上做了大量研究，取得了丰富的研究成果（Bungey et al., 1993）。

1.2.2 探地雷达公路质量检测的研究现状

作为公路的主要组成体，路基和路面承担着过往车辆的荷载。路面质量影响着车辆的机械磨损、速度、载荷及安全状况，而路基则关系到路面的平整度、稳定性和强度。所以对路面、路基进行定期检测和维护显得尤为重要。目前探地雷达技术在道路建设和公路质量检测领域已得到广泛应用，而且在检测路面厚度和隧道衬砌等浅层体的探测方面取得了较好的效果（Daniels，1996；Bungey et al., 1993）。

20 世纪 70 年代，探地雷达就已经开始应用于公路质量的探测，最早应用于混凝土结构的检测，90 年代开始用于路面厚度的探测研究（Morey，1998；Maser，1994；Scullion et al., 1994）。1992～1994 年美国地球物理探测设备公司受联邦公路局委托，开发了 SIR-10H 型探地雷达系统，用于高速公路质量的探测。Kim Roddis 等在 1994 年用探地雷达对不同类型的公路进行探测，结果显示误差范围为±（5%～10%）（Attoh et al., 1994）。1992 年，Scullion 进行了探地雷达对裂缝位置的探测研究，尽管后来用高频率天线成功探测到裂隙，但其效率较低（Taflove，1998；Yee，1966；Fang，1989）。Benedetto 等利用探地雷达对路面与路基的脱离、空洞、异常体等进行了探测（Benedetto et al.，2002，2001）。在路基压实度和含水率的检测方面，

Robert 教授最早开展了相关的研究（石宁　等，2004）。Roth 经过研究，建立了介电常数与压实度及介电常数与含水率之间的数学模型。此外，部分学者应用探地雷达开展沥青混合料的孔隙度的研究。

国内探地雷达公路质量检测研究主要集中在工程质量检测（周黎明　等，2003；孙军　等，2001）。叶良应通过模型实验研究，准确获取了空洞的位置信息，但无法获取空洞的形状信息（叶良应　等，2006）；杨健等利用探地雷达方法和其他方法对公路隧道衬砌混凝土检测，通过对比认为探地雷达检测隧道工程质量需要进一步研究（冯慧民，2004；杨健　等，2001）；张虎生等（2001）对高速公路隧道的衬砌厚度及病害特征进行了检测。目前，国内用探地雷达技术对公路压实度、含水率的检测研究仅限于路面面层，而且还处于初期实验研究阶段，并未对大规模的公路工程质量进行普查检测。

1.2.3　问题与不足

从国内外研究现状可以发现，当前探地雷达在公路质量检测方面的研究以实际工程探测为主，专门用于公路质量探测的雷达设备开发研究有限，国内外仅有少部分商业探地雷达系统可用来探测公路的路面结构。根据这些用于公路质量探测的商业雷达参数及相关的工程实践和实验结果，现有的研究还存在一些不足（Somayazulu et al.，2002）。

（1）雷达信号的频率和发射功率限制。美国联邦通信委员会 02-48 法案对公路路面探地雷达的发射信号在 0.96～3.1 GHz 频率范围给定了限制，以避免对飞机导航设备的干扰，另外，其总的等效发射功率应具有非常低的电磁辐射水平，不能超过−9.54 dBm。而 0.96～3.1 GHz 频率范围的波段信号对高速路面探测来说是最佳的信号，频率小于 0.96 GHz 的信号获得的雷达图像分辨率较低，频率大于 3.1 GHz 的信号虽然能获得高分辨率的雷达图像，但是其探测深度很小。此外，为增强脉冲波形的穿透能力，波形的设计要求尽可能增大其辐射功率。因此，这两方面相互矛盾，对公路路面快速探测来说，要获取地下目标物准确的回波信号，如何设计产生具有性能好、复杂度低的超宽带脉冲仍是一个难题。

（2）信号采样率低导致采样率低和探测效率低。当前雷达设备采样方式大都为等效采样（Ye et al., 2011; Harry, 2009; Waheed Uddin, 2006），这种方式直接导致了采样率低，并且等效采样工作时必须要满足一个前提，就是相邻的反射雷达信号是相同或者近似相同的，而对于在高速公路上高速运动的车载雷达来说，这个基本的前提条件难以满足。例如，以发射频率为 1 GHz 的雷达天线来说，脉冲间隔时间为 1 ms，假设车载雷达系统以 100 km/h 的速度前进，在 1 ms 这段时间内，车载雷达移动的距离大约为 3 cm，所以反射回来相邻的信号间差异必然很大，因此，不满足等效采样的前提。采用这种采样方式带来的直接后果是雷达数据质量下降，甚至路面下的细节信息被遗漏，出现探测盲区。

在当前的新型商业雷达中，如美国地球物理探测设备公司的 SIR-30 雷达，采用了实时采样，在采样点数为 16 384 时最高采样速率为 48 脉冲/s，在采样点数为 256 时最高采样速率为 1 449 脉冲/s。这在当前是一个非常高的采样速度，但是按照设计的目标如果车载系统探测速度为 100 km/h，这样的采样速率还不能满足要求。

（3）地面耦合天线的使用导致扫描速度低。目前大多数雷达系统是采用地面耦合方式，地面耦合的雷达天线被放置在接近探测目标体的表面，因其探测灵敏度高、信号损失小，能得到质量较好的路面内部结构的雷达图像，但是其探测效率很低，不能大面积快速地掌握高速公路及桥梁的生命周期情况，如果探测目标体表面粗糙还会造成天线的损坏等问题。另外，如果采用这种方式进行道路探测，其有限的扫描速度则会引起交通堵塞或者交通中断。而空气耦合雷达，雷达天线通常会被安置在地面高度 0.2～0.5 m 处，有时甚至更高，所以探测速度可以大大提高而不用担心天线会被损坏。因此如何设计并优选出适用于空气耦合方式的雷达天线也是一个挑战。

（4）机械结构笨重。目前用于公路和铁路地下探测的仪器有一个特点，即结构复杂且较笨重，在使用过程中带来不便。如何在保证性能不会被减弱的情况下，使仪器设备尽可能的轻便化是所有雷达系统开发设计者所追求的目标。另外，为了提高探测的效率，在设计中可适当增加通道的数量。

（5）信息处理解释存在局限性。路面结构体复杂，再加上各类干扰的存在，导致了采集数据质量的下降，这将给后期数据处理和解译带来很大的挑战，极易造成错误解释。目前国内外探地雷达技术均采用以电磁波反射为机理的探测理论，在资料处理上模拟地震信号模式，因此如何建立模型，进行公路路层介质物性参数的反演计算是急需研究的内容。另外，高速公路和桥梁的质量探测需要提供路面下地层结构和病害特征的定量化参数，并将解译结果融入公路数据库系统内，这些都需要进行深入研究。

1.3 本书研究内容

（1）探地雷达脉冲发生器设计。设计生成一个新的脉冲发生器电路，并将其生成的超宽带脉冲信号作为雷达的发射信号。该信号不但满足美国联邦通信委员会的要求，并且具有较高振幅、较小纹波、重复频率可调。

（2）印刷电路板的布局设计，选用合适的布局导体及隔离间隔，实现电路 50 Ω 的线路阻抗匹配。

（3）探地雷达数据采集及存储系统设计。新的探地雷达系统采用实时采样，脉冲重复频率可达到在采样点数为 80 时为 6×10^4 脉冲/s（或者采样点数为 320 时为 4×10^4 脉冲/s），采样速率达到 8 Gsa/s（兆采样次/s），确保收集详细的地物反射信息。另外，还要记录相应的数据采集时间和位置信息，如果是双通道雷达还要考虑通道标签信息的获取，将这些数据储存在计算机中，并且没有数据溢出和丢失，便于后期数据处理和解译。数据采集过程则通过控制一个数据采集界面来实现。

（4）探地雷达数字同步控制系统设计。设计开发数字控制模块，实现探地雷达系统的关键部件和系统的同步控制，包括双通道信号发射与接收的同步和高速数字化仪的同步。

（5）通过比较分析 6 组不同类型的超宽带雷达天线的 S_{11} 参数和电压驻波比参数，优选设计出空气耦合方式工作的超宽带雷达天线。

（6）车载探地雷达数据处理软件的开发设计。在数据处理算法的基础上，根据相应的功能需求进行模块化结构设计，该软件可以通过数据处理功能自动化加工向导，向用户提供数据增强、数据解释处理的最佳流程。

（7）通过对探地雷达系统的数值模拟计算及室内、室外测试分析，对开发的软硬件系统进行验证，并对结果数据进行处理和精度分析，同时可根据处理结果对设备参数进行调整。

第2章　探地雷达系统设计基础

本章从麦克斯韦方程组出发，在理论上详细阐述电磁波传播理论及其在各种介质中的传播和折射规律。在已有研究的基础上，详细介绍探地雷达基本原理、测量方式及空间分辨率的概念，分析探地雷达的系统结构及分类。简要介绍高速公路路面的基本结构和病害种类，最后描述本书探地雷达系统的总体设计和系统架构，并指出设计中的注意事项和问题。

2.1　探地雷达电磁学理论

2.1.1　麦克斯韦方程

根据麦克斯韦（Maxwell）电磁波理论，随着时间变化，电流会激发变化的电场，变化的电场在其周围又会激发变化的磁场，变化的磁场又激发变化的电场，变化的电场和磁场由近及远地传播出去，从而形成电磁场（李大心，2006）。探地雷达采用高频电磁波进行探测，根据电磁波的传播理论，高频电磁波在介质中传播服从麦克斯韦方程组。微分形式的麦克斯韦方程组如下：

$$\nabla \times E = -\frac{\partial B}{\partial t} \tag{2-1}$$

$$\nabla \times H = -\frac{\partial D}{\partial t} + J \tag{2-2}$$

$$\nabla \cdot B = 0 \tag{2-3}$$

$$\nabla \cdot D = q_v \tag{2-4}$$

式中：E 为电场强度（V/m）；B 为磁感应强度（T）；H 为磁场强度（A/m）；D 为电位移（C/m^2）；J 为电流密度（A/m^2）；q_v 为电荷密度（C/m^3）。

作为宏观电磁现象的理论基础，麦克斯韦方程组反映了电场和磁场之间及它们与电荷和电流之间相依关系的普遍规律。在实际中，要想充分地确定电磁场的各场量，求解式（2-1）～式（2-4）的四个参数是不够的，通常引入介质的本构关系辅助麦克斯韦方程组求解各常量。所谓本构关系是场量和场量之间的关系，取决于电磁场所在介质中的性质。对于介质的多样性，本构关系也变得相当复杂。

本构关系可简化为

$$
\begin{aligned}
J &= \sigma E \\
D &= \varepsilon E \\
B &= \mu H
\end{aligned} \tag{2-5}
$$

式中：σ 为电导率；ε 为介电常数；μ 为磁导率。

从式（2-5）可以发现，E 和 B 是独立的实际场矢量，对于各向同性介质，式（2-1）～式（2-4）可变为如下形式（宋水淼 等，2003；王蔷 等，2001）：

$$\nabla \times E = -\mu \frac{\partial H}{\partial t} \tag{2-6}$$

$$\nabla \times H = \varepsilon \frac{\partial E}{\partial t} + J \tag{2-7}$$

$$\nabla \cdot (\mu H) = 0 \tag{2-8}$$

$$\nabla \cdot (\varepsilon E) = \rho \tag{2-9}$$

2.1.2　电磁波波动性

对式（2-7）和式（2-8）两边取一次旋度，有

$$\nabla \times \nabla \times E + \mu\varepsilon \frac{\partial^2 E}{\partial t^2} = -\mu \frac{\partial J}{\partial t} \tag{2-10}$$

$$\nabla \times \nabla \times H + \mu\varepsilon \frac{\partial^2 H}{\partial t^2} = \nabla \times J \tag{2-11}$$

式（2-10）和（2-11）为电磁波的亥姆霍兹方程，表示了电磁波的传播方式。求解电磁波在介质中的传播规律时，可以通过式（2-10）和式（2-11）方程出发，采用有限差分或伪谱方法进行求解。根据式（2-10）和式（2-11），可以有以下结论（吴丰收，2009）。

（1）电场 E 和磁场 H 是以波动形式运动的，它们共同构成电磁波。

（2）对于探地雷达，源为天线中的电流密度变化，产生电磁波，并向外辐射。

（3）式（2-10）和式（2-11）各有三项，分别表征电磁波的空间变化、位移电流的贡献、传导电流的贡献。

（4）将式（2-10）和式（2-11）的波动方程与数学物理方程中的标准波动方程比较，可以得到电磁波的传播速度：

$$v = \frac{1}{\sqrt{\mu\varepsilon}} \tag{2-12}$$

式中：v 为电磁波在介质中的传播速度，在真空中，电磁波的速度为 3×10^8 m/s。由式（2-12）可以看出，电磁波的传播速度与磁导率和介质的介电常数有关。

（5）凡是平面波都可以脱离源而独立传播，这与电磁波、弹性波、声波是一样的。区别在于，电磁波在真空中也可以传播，并且在探地雷达的数学模拟中，不存在自由边界问题。

对于各向同性介质，其平面波的波动方程可简化为

$$\nabla^2 E - \mu\varepsilon\frac{\partial^2 E}{\partial t^2} = 0 \tag{2-13}$$

$$\nabla^2 H - \mu\varepsilon\frac{\partial^2 H}{\partial t^2} = 0 \tag{2-14}$$

式（2-13）和式（2-14）的通解为

$$E_x = f_1(z - vt) + f_2(z + vt) \tag{2-15}$$

式中：v 可由式（2-12）得出。$f_{1,2}(z \pm vt)$ 是时间 t 和距离 z 的函数，当在某个时刻 $t = t_1$，$f_1(z - vt_1)$ 是 z 的函数，如图 2.1（a）所示，当 t 由 t_1 增大到 $t_2 = t_1 + \Delta t$ 后，$f_1(z - vt_2)$ 仍为 z 的同形函数，仅仅是在 轴上向+z 方向移动了 $v\Delta t$ 距离，如图 2.1（b）所示。这表明 $f_1(z - vt)$ 表示一个向+z 方向以速度 v 传播的波动，同理，$f_2(z + vt)$ 表示一个向−z 方向以速度 v 传播的波。可见电磁场是以电磁波的形式存在，波动方程表征了电磁波的传播方式（曾昭发 等，2006）。

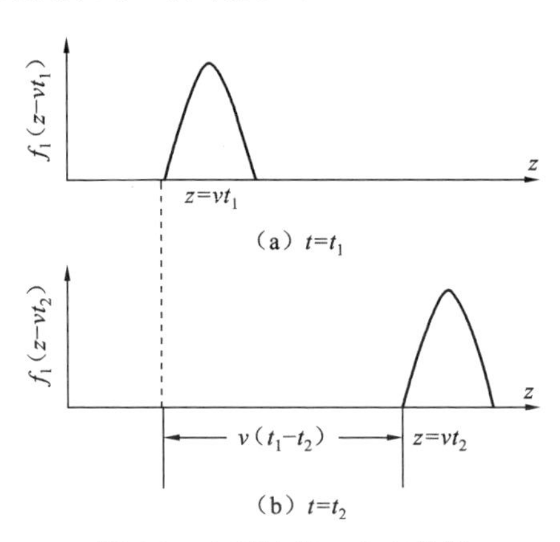

图 2.1　电磁波在+z 方向传播

2.1.3　电磁波的反射与折射

介质的不同导致了电磁波在传播过程中有衰减、反射、透射及散射等现象。而这些现象对于探地雷达的探测深度、精度等造成了一定的影响。

探地雷达所发射的高频电磁波在多层结构的介质中传播时，除发生能量衰减和电磁波的散射外，还会在层次之间的界面发生反射和折射作用，而且遵循着一定的规律（栗毅 等，2006；马冰然，2003）。

假设 $R_i\,(i=1,2,\cdots n)$ 表示雷达电磁波在第 $i-1$ 层与第 i 层的交界面的反射能量。$T_i\,(i=1,2,\cdots n)$ 表示电磁波在第 i 层中传播时的传播因数。电磁波在不同介质中的传播过程如图 2.2 所示。

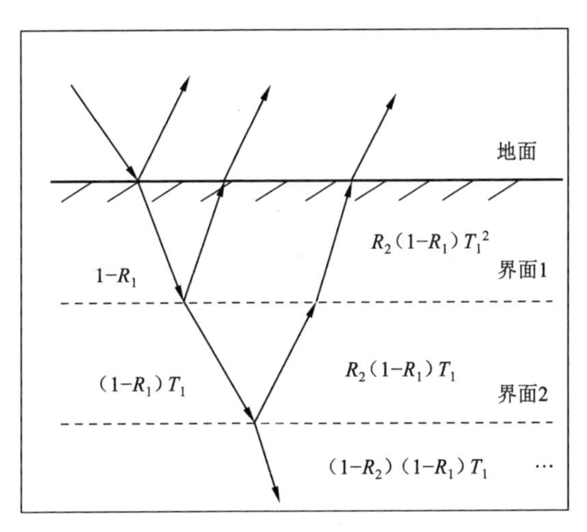

图 2.2　电磁波在不同介质中的传播示意图

单位能量的单一频率电磁波入射,在第 1 个界面上反射能量为 R_1,折射能量为 $1-R_1$。反射回来的电磁波被雷达天线接收后,折射电磁波则继续向下传播,由于这一层土壤对电磁波的吸收作用,向下传播的电磁波到达第 2 个界面时的能量为折射部分能量与传播因数的乘积,即 $(1-R_1)T_1$。这部分电磁波又在第 2 个界面发生反射和折射,其反射能量和折射能量分别为 $R_2(1-R_1)T_1$ 和 $(1-R_2)(1-R_1)T_1$。该反射部分的电磁波又接着通过第 1 层到达第 1 个界面,在传播过程中再次受到第 1 层土壤对电磁波的吸收作用,到达界面时的能量为 $R_2(1-R_1)T_{12}$。反射部分的电磁波又再次向下传播,形成电磁波在层间的多次反射现象（孔,1982)。由于多次反射现象的存在,有时一个界面可在雷达图像上形成多个间距相等的反射面,需要通过预测反褶积滤波等雷达信号处理技术进行去除。同样的道理,在第 2 个界面上折射后继续向下传播的这部分电磁波仍然遵循着吸收、反射、折射这一过程。依次类推,可得到电磁波在第 n 个界面上的入射能量为 $\prod_{i=1}^{n-1}(1-R_i)T_i$,折射能量为 $(1-R_n)\prod_{i=1}^{n-1}(1-R_i)T_i$,反射能量为 $R_n\prod_{i=1}^{n-1}(1-R_i)T_i$。探地雷达接收到第 n 个界面上的反射能量强度为 $R_n\prod_{i=1}^{n-1}(1-R_i)^2T_i^2$。

由边界条件则建立 $2n$ 个代数方程,其中包含了 $n-1$ 层介质中沿 $+z$ 方向传播和沿 $-z$ 方向传播的合成场及第 1 层中的总反射场和第 $n+1$ 层中的总透射场，共 $2n$ 个未知量，通过该方程组可以进行求解。

2.2　探地雷达系统结构及分类

2.2.1　探地雷达原理

探地雷达的原理是利用一个发射天线向下发射 10^6～10^9 Hz 频率范围的无线电波，另一个接收天线接收目标体的反射电磁波。因地下介质的电性差异，导致反射电磁波的差异性，所以根据雷达图像的波形、回波旅行时间（双程走时）等参数可以解译地下目标体的空间位置等特征信息，从而实现探测目的。因此，根据接收到波旅行时间（也称双程走时）、幅度与波形资料，可推断电性界面的形态、埋深和构造等（李大心，2006; 曾昭发 等，2006; 王惠濂，1993; 赵永贵，2003）。

在实际的地下探测中，天线沿着地面移动，脉冲信号不断地被发送和接收，如图 2.3 所示。

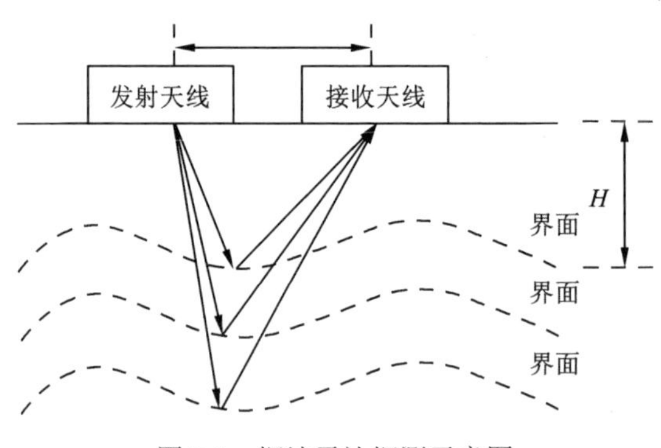

图 2.3　探地雷达探测示意图

根据接收到的双程走时 t，计算出电磁波在介质中的传播速度，进而可获取地下目标体的空间位置等特征信息。双程走时 t 可表示为

$$t=\sqrt{\frac{4H^2+X^2}{v}} \tag{2-16}$$

式中：t 为双程旅行时间（ns）; H 为反射体埋深（m）; X 为天线距离（m）; v 为地下介质中的电磁波传播速度。若介质的电导率很低，速度 v 可用式（2-17）近似得出

$$v=\frac{C}{\sqrt{\varepsilon_r}} \tag{2-17}$$

式中：C 为光速（0.3 m/ns）；ε 为地下介质的相对介电常数，ε_r 可以利用已知的数据或通过别的方式测定获得，当电磁波速度 v 为已知时，可根据所测的精确的 t 值，由式（2-16）求得反射体的深度 H。

分辨率是探地雷达的一个重要指标，它决定了雷达分辨最小目标异常体的能力，且与雷达子波宽度有关（刘英利，2007；李大心，2006；薛桂玉　等，2004；Morey，1998）。

2.2.2　探地雷达系统结构

雷达采集系统的结构可分为两种：分离式结构和组合式结构。其中分离式结构又包括两种形式。一种是主要将天线发射控制器（发射机）和接收控制器（接收机）独立出来，采用不同的天线与其配合使用。这种结构成本低，但是接线较多，野外使用不方便。这种分离式设计常常在振子非屏蔽天线上使用。另一种是主要将控制采集的主机与控制单元分离，控制主机通过计算机的并口或串口与控制单元连接。这种分离的优点是可以随时更换主机，缺点是接线太多，不利于野外复杂地区使用（杨峰　等，2010）。

探地雷达系统主要包括控制单元、发射天线、接收天线、信号处理单元和显示设备、电源等（杨峰　等，2010；Lahouar，2003）。图 2.4 为典型的探地雷达系统框架图。

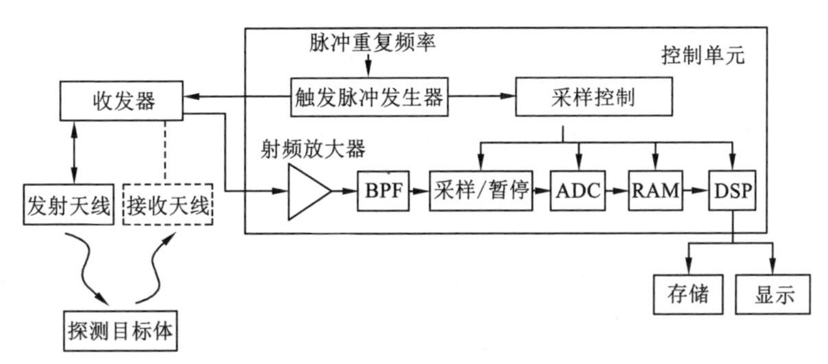

图 2.4　探地雷达系统框架图

BPF：带通滤波器；ADC：模/数转换器；RAM：随机存储器；DSP：数字信号处理器

（1）控制单元，包括脉冲发生器、脉冲增益放大元件、模/数转换元件、系统时钟触发控制元件。其主要实现脉冲信号的生成、信号采集前的增益放大、信号采集和存储、各元器件的同步控制功能。

（2）发射天线，主要实现将频率电信号到电磁波信号的转换并完成发射的功能。

（3）接收天线：主要实现对雷达反射波信号的放大、高频低频转换等功能。

（4）信号处理单元和显示设备，主要实现对采集数据的简单处理、显示功能。

（5）其他电源等辅助元件。

2.2.3 探地雷达系统分类

目前市场上存在各种调制类型的探地雷达系统，可以根据它们的工作域进行分类，也可以根据它们的调制类型进行分类（黄伟，2010）。

1. 调频连续波探地雷达

对连续波的频率调制可用于对发射和反射事件在时间上的精确定位。如图 2.5 所示，这项技术的最简单的实现方式是：使用一个压控振荡器来改变连续波的频率，实现频率以线性和固定周期的方式在两个限定值范围内变化。发射信号和反射信号间频率的差异 f_{di} 与双程走时程 t_{di} 呈正比，而把发射信号与反射信号输入到一个相干混频器则可轻易地得到频率差异。

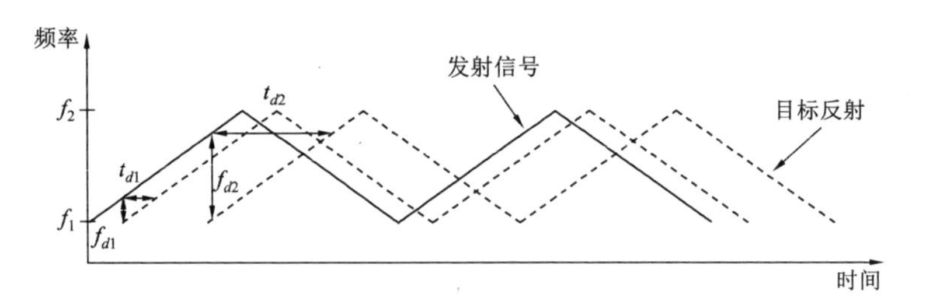

图 2.5 调频连续波目标反射的时间–频率示意图

调频连续波探地雷达（FM-CWGPR）发射信号的中心频率和带宽应选择合适的值，参考的标准可以根据调查的介质，最大限度地减少发射信号的衰减和失真。

此外，FM-CWGPR 更适合用短脉冲来探测单一浅层介质中的目标（此时等效于大带宽），而其他类型的探地雷达则难以实现。然而，FM-CWGPR 对于多目标探测则不适用，因为差分信号包含了多个频率分量，需要一个精确的窄带宽的带通滤波器才能将其区分。

2. 合成脉冲探地雷达

合成脉冲雷达是通过载波频率调制来实现的，它类似于 FM-CWGPR。但是，它们之间的区别在于合成脉冲雷达的载波频率变化，其在两个限定值范围内的 N

步段是离散的。每个频率步段反射信号的振幅和相位被精确测量和记录下来，从而得到反射信号的傅里叶变换（Fourier transform，FT）。然后对记录的样本值进行简单的快速傅里叶逆变换（inverse fast Fourier transform，IFFT）即可重建时域信号，从而提取探测结果及范围信息。当然，对探测结果及范围信息的提取也可以直接在频率域中实现（Langman et al., 1994）。现在美国 GeoRadar 公司和挪威 3d-Radar 公司均推出了频率步进连续波探地雷达产品。

3. 无载频脉冲探地雷达

无载波技术因其采用的带宽较大，又称超宽带无线技术。它不采用载波，发射信号是一个很短的非正弦波脉冲（纳秒级或更小），而带宽可以达到几吉赫兹，因此它有很宽的频谱范围。

目前可以实现的脉冲宽度大致都在 0.25～1 ns，甚至能达到更短。在很多情况中，脉冲中的直流分量可通过微分或高通滤波的办法来去除。目前国内外探地雷达多数系统采用的超宽带脉冲波形可表示为

$$p(t)=-\frac{\mathrm{d}^2(\mathrm{e}^{-at^2})}{\mathrm{d}t^2}=-2a\mathrm{e}^{at^2}(2\alpha t^2-1) \tag{2-18}$$

式中：$p(t)$ 为 Ricker 小波；t 为时间；α 为一个常数，通过改变常数值来调整脉冲宽度和振幅。脉冲探地雷达是目前最常见的雷达系统，其数据更容易解译（陈洁，2007）。

2.3　高速公路路面结构

高速公路属于高等级公路，路面结构层包括面层、基层和垫层。高等级公路普遍采用高级沥青混凝土路面，根据基层组成材料的差异，公路路面可分为三类：柔性（热拌沥青）路面、刚性（混凝土）路面和复合路面。

2.3.1　柔性路面

柔性路面主要指沥青路面，其最上层强度最大，因为在这一层由荷载重量引起的应力较高。这种路面在筑路施工中对材料要求低，可以使用一些便宜的材料降低成本。如图 2.6（a）所示，柔性路面的组成如下（Huang，1993）。

（1）表层（或磨损面）。它是由密度较高的热拌沥青混合料构成。大交通负荷需要大粒径集料，光滑防滑路面又需要小粒径集料，要保持两者之间的平衡就要选择合适的集料粒径，表层厚度一般在 25～50 mm。

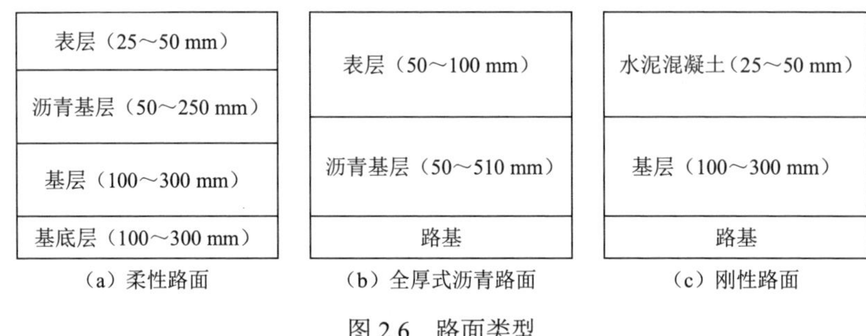

图 2.6　路面类型

（2）联结层（或沥青基层）。它也是 HMA 层，但是与表层相比，联结层中的集料粒径较大而沥青黏合剂减小。联结层在表层下面，所受的压力变小，可以允许较低的沥青黏结剂含量。为了确保两个 HMA 层黏合在一起，在浇筑表层之前黏结层（乳化沥青）通常会先喷洒在黏合层的表面。通常，沥青基层厚度在 50～250 mm。

（3）基层。它通常是一个由碎石组成的层。其材料可以是未经过加工处理的碎石，也可以是添加了少量水泥或沥青的碎石混合物。基层厚度通常在 100～300 mm。

（4）基底层。它类似于基层。出于经济方面的原因（节省成本）其通常是一些质量较差的集料。基底层厚度通常在 100～300 mm。

（5）路基。它是最下面一层，来支撑上述的各层。路基通常是由原址土壤或选定的其他材料构成。无论属于哪一种，路基都需经过良好的压实来提高其密度。

应当注意的是，一个典型的路面由两个或更多层以上述顺序（从上到下）的组合。柔性路面至少应该有一个热拌沥青层和一个基层。其中各层的设计厚度主要取决于道路的级别、预计交通流量、建筑用料的性能和当地的环境条件。

一种被称为全厚式沥青路面，如图 2.6（b）所示，只有一个独特的 50～100 mm 的表层和一个 50～510 mm 的沥青基层。这种类型的路面更适合重载，并且它可以更好地抵抗环境问题。这种全厚式沥青路面建造成本很高，因此很少使用。然而，因为其使用年限长久，在美国越来越得到重视。

2.3.2　刚性路面

刚性路面一般由 150～300 mm 厚的硅酸盐水泥混凝土地板构成，如图 2.6（c）所示。该地板可以直接放在建好的路基表面或放在一个 100～300 mm 厚的颗粒基层表面上。根据钢筋配置的不同，水泥混凝土路面有 4 种类型（梁甸农 等，1998）。

（1）素混凝土路面（jointed plain concrete pavements，JPCP）。如图 2.7（a）所示，它是由不含钢筋的混凝土板构成，考虑外界环境变化会引起混凝土板膨胀收缩的情况，板间通过横向收缩缝分开，且素混凝土路面应沿纵向每隔 5～10 m 设一个收缩缝。

（2）钢筋混凝土路面（jointed reinforced concrete pavements，JRCP），如图 2.7（b）所示，在混凝土路面板内，沿纵横向配置钢筋网，配筋率为 0.1%～0.2%。钢筋直径为 8～12 mm，纵筋间距为 15～35 cm，横筋间距为 30～75 cm。钢筋设在板表面下 5～6 cm 处，以减少板面裂纹的产生和扩张。因此，这种情况下可以增加关节的间距，横缩缝间距可增至 10～30 m。

（3）连续配筋混凝土路面（continuous reinforced concrete pavements，CRCP）。如图 2.7（c）所示，在混凝土路面板内大量配筋，配筋率达 0.6%～1.0%，纵筋直径为 12～16 mm，间距为 7.5～20 cm，可连续贯穿横缝。横筋直径为 6～9 mm，间距为 40～120 cm。钢筋设在板厚中央略高处，与板表面距离 6～7 cm。

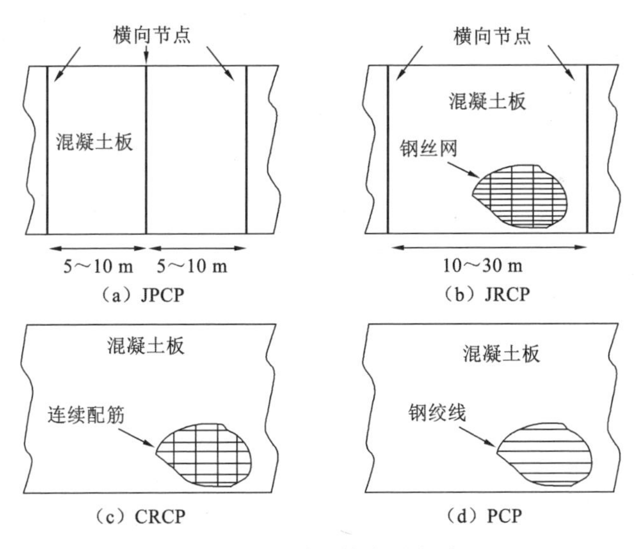

图 2.7　四种刚性路面类型

在连续配筋混凝土路面板的端部设置有端缝，它有两种形式：一种为自由式，即连续设置 3～4 条胀缝，以便板端部自由胀缩；另一种为锚固式，即在板底部设置若干根肋梁或桩埋入地基内，以阻止板的胀缩活动。与素混凝土路面相比，连续配筋混凝土路面板厚可减薄 15%～20%；缩缝间距可增长至 100～300 m。但用钢多，造价高，施工较复杂。

（4）预应力混凝土路面（prestressed concrete pavements，PCP）。如图 2.7（d）

所示，它是在没有任何负载的自然情况下对水泥板施加一个压应力，因此，车辆对路面的拉应力将大大减少，从而降低路面损坏。这基于一个事实，即混凝土抗压能力较强而抗扩张能力较弱。混凝土通常是用钢丝束来施加预应力的。

刚性路面由于重复交通荷载和环境条件的变化而产生问题。这些问题可分为两类：一类是由于水分积聚或者在关节和裂缝处出现的物质损失引起的基层（或路基）破坏。另一类是由于在钢筋混凝土中的钢筋腐蚀、关节断裂、外界问题变化引起的热胀冷缩、碱硅酸反应及其他的化学反应。

2.3.3 复合路面

复合路面是由混凝土板和热拌沥青层所组成的，其中，混凝土板作为基层提供强抗压性，上面覆盖的热拌沥青层可增加路面的平整度。这种路面成本高，因此很少建造。但是，在破坏的旧混凝土路面的修复中，常常通过加铺一定厚度沥青混合料来修复路面。柔性路面的修复也可以通过在旧沥青路面上加铺一层薄的混凝土面层来修复。对复合路面来说，它最大的特征是裂缝的类型。这种类型的裂缝开始于混凝土的节点处，并随着时间的推移传播到道路的表面。

2.4 探地雷达系统总体设计

2.4.1 问题分析

在探地雷达系统设计之初需要综合考虑信号的穿透能力、适当大小的前端设备和最大限度地提高图像分辨率，在满足设计性能要求的前提下，最大限度地平衡这三个因素。探地雷达系统的整体性能受各子系统性能的影响，如超宽带微波前端、数据采集系统、控制模块及这些子系统之间的同步等。

对于微波前端来说，超宽带脉冲发生器、发射器和接收器的同步，两个超宽带天线组通道回波信号的整合是关键步骤。超宽带脉冲决定了系统的带宽和图像分辨率，因此设计一个精确脉冲形状和脉冲宽度的超宽带脉冲发生器是至关重要的。在已有的研究中，也有过类似的研究，即根据预设的脉冲宽度和脉冲形状来生成超宽带脉冲（Tian et al., 2012; Salvador et al., 2007; Zhang et al., 2006; Han et al., 2002）。

除了数字控制模块，一个传统的单端微波应用的所有子系统设计的终端负载为 50 Ω。在完整的频率范围内，电路布局中线阻抗维持在 50 Ω 可以减少每个元件的回波损耗。在印刷电路板中，金属连线可设计为微带线或波导管，在其任何一种情况下线阻抗取决于传输线的结构和基材的有效介电常数，而与传输线的长度、信号的幅度、频率等均无关。对于超宽带系统，如果基材的有效介电常数较低，那么在高低范围内会引起线路阻抗±5 Ω 的变化，同时较低的有效介电常数又会导致高的信号反射，因为交界面反射系数取决于两个介质的阻抗。

$$R = \frac{Z_2 - Z_1}{Z_2 + Z_1} \tag{2-19}$$

有效介电常数较高的基板在较宽的频率范围内可以提供恒定的线路阻抗，但是成本很贵。在本书中，电路布局设计时使用低成本的 FR4 基板，并取得了良好的阻抗匹配，详见 3.2 节。

在超宽带脉冲信号的采集方面，因脉冲宽度很短，在纳秒级，为实现高的时间分辨率，大多数现有的系统采用等效采样的方法。即利用超宽带脉冲信号的周期特性，等效采样技术在每个脉冲周期获取一个数据点，并在获得足够（根据不同的需求）的数据点时重建整个波形。这种方法实现了高采样分辨率，但是却以牺牲采样速度为代价。例如，对脉冲宽度为 1 ns 的脉冲采样，为了达到 125 ps 的采样分辨率，需要 8 个脉冲才能重建一个脉冲信号。在本书中，数据的采集设计使用了一个高速、高采样分辨率（8 Gsa/s）的实时模拟数字转换器。其优势是实现了对每一个纳秒级脉冲宽度的脉冲，可以得到 125 ps 的采样分辨率，这是一种非常理想的情况。在此理想情况下，如果车载系统以 100 km/h 的速度探测公路、桥梁结构中的钢筋，目标相对移动速度和数据采集速度的关系是

$$\Delta t = \frac{\delta R}{v} = \frac{1\,\text{cm}}{100\,\text{km/h}} = 3.73\,\text{ms} \tag{2-20}$$

式中：δR 为 1 cm 的图像分辨率；v 为目标相对速度，正常高速公路行驶速度为 100 km/h，那么实时采样时两个相邻回波间隔Δt 为 3.73 ms，而这个时间间隔决定了最小的脉冲发射重复频率为 25 Hz。

超宽带天线的选取。要发挥整个系统的带宽优势，所采用的超宽带天线要与设计的脉冲发生器相适应，应具有良好的辐射特性和宽带特性，以及有较好的时域特性，这样深部的回波信号才能获得高增益。天线的选择取决于系统的可移植性和带宽，同时还要考虑天线的增益和便携性。

为了实现两个通道天线的发射和接收、数据采集和储存子模块的同步，还应设计一个数字控制电路并整合到整个系统电路板中。对双通道来说，信号的发射和接收过程类似于一个乒乓球电路，当一个通道接通时，另一个关闭，反之亦然。在信号输入到 ADC 之前，两个通道信号通过一个宽带射频开关合并成为一个连续的

信号，该开关则可通过现场可编程门阵列（field programmable gate array，FPGA）来控制。对于数据采集和储存子模块的同步，其实质上是两个通道的数据区分，即通道标签的触发及其记录问题，当一个数据循环存储单元被计算机读取之后，该单元内第一条脉冲数据的通道标签即被传送至计算机并记录下来。这样就保证了数据的准确性，避免两个通道数据的混乱。

2.4.2　探地雷达系统架构设计

根据探地雷达设计的要求和目标，待开发雷达系统的参数见表 2.1。

表 2.1　雷达系统参数

名称	参数值
中心频率	1 GHz 和 3 GHz
超宽带脉冲长度	1 ns
采样分辨率	125 ps
控制模块	FPGAfirmware
天线	Horn/Vivaldi

考虑探地雷达硬件开发与设计中实际存在的问题，待开发的高速双通道探地雷达系统设计如图 2.8 所示。

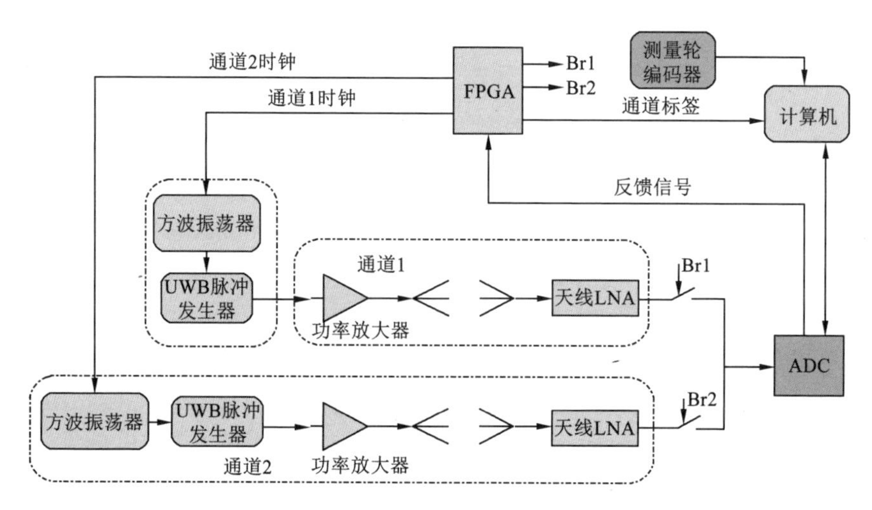

图 2.8　高速超宽带双通道雷达系统的框图

Br1 和 Br2 表示同步触发信号

它有四个主要的子系统。

（1）信号生成系统（微波前端）。它包括超宽带脉冲发生器、功率放大器和低噪声放大器。其主要的目的是设计一个电路前端，产生两个超宽带脉冲信号，分别作为两个通道组天线的数据源。该宽带信号具有振幅大、无纹波或纹波最小化、稳定等特点。

（2）信号采集、存储与显示系统。它包括高速实时数字化仪、高速数据传输和存储。其主要目的是对接收天线接收到的反射信号进行数字化采样作为脉冲样点数据，另外读取时间戳信息数据、测量轮编码器数据、通道标签数据作为头信息数据，将脉冲样点数据和头信息数据对应数据整合在一起存储到计算机硬盘中。在存储的同时，实现脉冲数据在监视器上的实时显示。

（3）超宽带天线。对已有的 6 组超宽带天线进行测试，分析其 S_{11} 和驻波比参数，优选出适合待开发系统的超宽带天线。

（4）基于 FPGA 的数字控制系统。其目的是控制实现雷达系统内部的同步，如双通道同步、高速数字化仪同步和系统时间同步等。

第 3 章　超宽带脉冲信号发生器的设计与实现

本章介绍超宽带技术和超宽带极窄脉冲生成的原理，在此基础上详细阐述基于阶跃恢复二极管的脉冲电路板设计过程。在分析超宽带极窄脉冲生成的原理和阶跃恢复二极管的可锐化脉冲过渡边缘的独特特性基础上，设计生成一个基于信号振幅转换器、高斯脉冲发生器和脉冲整形滤波器的脉冲发生器电路，可产生高幅度、低纹波噪声、重复频率可调范围较大的超宽带单周期脉冲（包括 1 GHz 的基带信号和 3 GHz 的调频信号）。针对印刷电路板布局设计时，输入和输出接脚阻抗对信号生成系统的微波前端电路的影响，介绍印刷电路板采用的布局设计材料——环氧玻璃基板（FR4 基板）；为维持整个电路 50 Ω 的线路阻抗，将宽度为 0.289 56 cm 的铜金属带作为在微带技术下的布局导体，并且选用 0.134 62 cm 的导体宽度和 0.033 02 cm 宽的隔离间隔，从而最大限度地减少干扰信号。

3.1　超宽带技术

3.1.1　超宽带信号

超宽带是一种以极低的发射功率占用极宽频带的方式进行高速无线传输的新型通信技术。随着现代军事及民用的应用环境对雷达的分辨率和测量精度等性能提出越来越高的要求，超宽带信号伴随着雷达探测技术的发展而发展起来。根据雷达信号理论，测量精度和距离分辨率主要取决于信号的带宽，为了提高测距精度和距离分辨率，要求信号具有大的带宽。当雷达信号的带宽增加到与其中心频率可比时，就成为超宽带信号（陈洁，2007）。对超宽带信号比较确切的解释是 2002 年 4 月美国联邦通信委员会从信号带宽的角度提出的两种定义（Federal Communications Commission，2002）：①信号的相对带宽大于等于 20%，这里的带宽指的是−10 dB；②信号带宽大于等于 500 MHz，而不管相对带宽是多少。

为更好地理解超宽带信号的定义，首先应了解占空比、绝对带宽和相对带宽的概念。

1．占空比

占空比就是脉冲出现的时间与脉冲周期时间之比，如图 3.1 所示。其数学定义如下：

$$D = t / T \tag{3-1}$$

式中：D 为占空比；t 为脉冲出现时间；T 为脉冲周期时间。

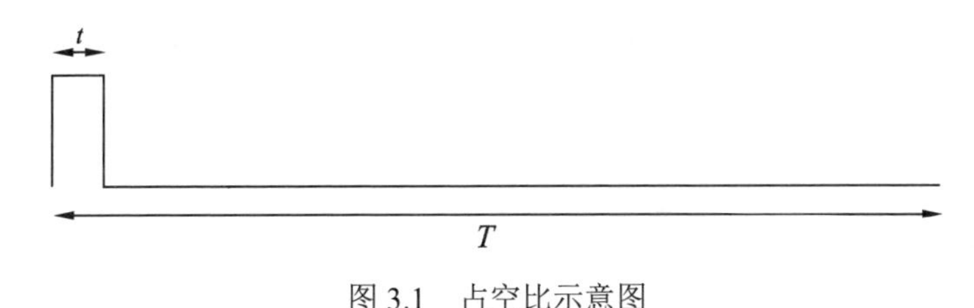

图 3.1　占空比示意图

超宽带脉冲的平均功率非常小，发射功率在微瓦数量级，因为单个超宽带脉冲的持续时间仅为纳秒级，尽管其有较大的峰值和瞬时功率。

2．绝对宽带和相对带宽

由于时域和频域的宽度呈现倒数关系，因此超宽带脉冲信号在频域上分布很宽。若 RB 表示相对宽度，f_h 和 f_l 分别代表脉冲在−10 dB 点的上限和下限频率，f_c 表示信号的中心频率，则有

$$\mathrm{RB} = \frac{2(f_h - f_l)}{f_h + f_l} = \frac{f_h - f_l}{f_c} \geqslant 0.2 \tag{3-2}$$

3.1.2　超宽带探地雷达系统的特性

超宽带信号受发射功率的限制，主要应用在短距离范围（孟丽娟，2008）。与一般探地雷达信号相比，超宽带探地雷达系统的特性如下。

（1）抗干扰性能强。超宽带探地雷达系统输出功率较低，通过宽频带将脉冲信号发射出去，在接收信号时又可通过增益还原出原信号。

（2）地表穿透能力强。超宽带信号具有很高瞬时功率和相对集中的能量，各个方向信号较难出现重叠抵消作用。超宽带信号中的低频能量穿透地表能力较强（Cramer et al., 2002）。

（3）功率消耗低。超宽带脉冲的平均功率非常小，很低电源功率的电池即可完成供电并使超宽带探地雷达系统正常工作。

（4）距离分辨力较高。因超带宽的存在，较多散射点回波信号的累积可以提

高信息量和信噪比，从而提高其分辨能力。

（5）目标识别能力好。因超宽带探地雷达系统的极短发射脉冲时间，不同区域目标的反射回波实现分离，突出了目标体特性。

（6）超近程探测能力。超宽带信号带宽较大，从而可以实现厘米级的空间定位精度。

3.2 超宽带脉冲的生成原理

3.2.1 超宽带脉冲生成原理

目前广泛采用两类超宽带信号，即冲激信号和调制信号（Huang，1993）。

1. 冲激信号

冲激体制生成的超宽带脉冲信号即为冲激信号，它的系统结构比较简单，冲激源输出直接激励天线，不需任何变换和放大。这种无载波信号主要包括单周波、多周波和单极脉冲三种形式，信号宽度一般为几纳秒到几十纳秒。因此只有产生极高峰值的信号才能提高发射的能量。国内外也出现了相关的产品，比如俄罗斯 Impulse Group 公司生产了几十兆瓦峰值功率、1 000 h 工作寿命的二极管冲激源；美国 Power Speetra 公司生产了 25 MW 峰值功率、10 kHz 重复频率、尺寸仅为 43.18 cm×43.18 cm×335.28 cm 的冲击源产品。

2. 调制信号

调制信号是通过对雷达信号实施频率/相位调制以获得的宽带信号。调制形式可以多种多样，其中以线性调频（linear frequency modulation，LFM）信号用得最为广泛，但是超宽带线性调频信号对幅相要求较为严格。总体来说，线性调频信号具有较大的发展潜力。

超宽带脉冲主要有三种，分别为高斯脉冲、周期脉冲和阶跃脉冲。高斯脉冲可用式（3-3）和式（3-4）表示，分别表示时间域和频率域：

$$W(t)=A\mathrm{e}^{-(t/\tau)^2} \tag{3-3}$$

$$w(f)=A\sqrt{\pi}\tau\mathrm{e}^{-\pi^2(f\tau)^2} \tag{3-4}$$

式中：A 为脉冲峰值幅度；$\sqrt{2}\pi\tau$ 为脉冲宽度。单周期脉冲是指一个周期内只有一个波峰的脉冲信号。与阶跃脉冲和高斯脉冲含有较大的直流分量相比，单周期脉冲没有直流分量，且天线不能发射的低频分量较少，所以单周期脉冲作为脉冲雷达具有较大的功率效率。阶跃脉冲有点像脉冲信号，但是它的高电平不固定，随时间变化而变化。

当前有多种脉冲发生器的设计方法（Zito et al., 2010; Lemaire et al., 2009; Kikkawa et al., 2008）。其中一种是专用互补金属氧化物半导体集成电路，它可以实现脉冲形状的灵活控制并方便与其他数字电路板和无线电频率组件的接合。但是，这种方法的主要问题是定制芯片的设计开发时间长、成本高，不太适合特定的低容量需求雷达系统的应用。因此，使用现有的电子组件进行电路设计因其开发成本低和开发时间短使得更有优势。

有四种电子元件可用于超宽带脉冲的设计，分别为光导开关、雪崩三极管，隧道二极管和阶跃恢复二极管。其中光导开关和雪崩三极管都要求的偏置电压较大；隧道二极管产生的脉冲幅值很低，但是它对电压要求不大。阶跃恢复二极管因其可锐化脉冲过渡边缘的独特特性使得其应用更加广泛（Yang et al., 2009; Zhou et al., 2006; Han et al., 2005，2002），所以阶跃恢复二极管是最常用的器件。

目前很多学者研究利用阶跃恢复二极管生成脉冲信号。例如用并联连接的阶跃恢复二极管生成亚纳秒宽度的高斯脉冲（Zhou et al., 2006; Han et al., 2005），实验结果表明，这种方法产生的信号，其产生较大振幅的波纹。用阶跃恢复二极管串联一个由两个肖特基二极管组成的脉冲整形网络，然后分流过滤器产生一个单周期脉冲，这种方法产生的单周期脉冲，纹波幅度降低并且脉冲具有较好的对称性，但是其主要不足是信号振幅较小（Zhou et al., 2006）。另一个单周期脉冲的产生方法是使用一个阶跃恢复二极管和由两个反相高斯脉冲结合起来的短路枝节，这种方法的缺点是单周期脉冲宽度较大，大约等于单个高斯脉冲宽度的两倍，且该单周期脉冲幅度等于甚至低于高斯脉冲信号的幅度（Yang et al., 2009）。阶跃恢复二极管单循环脉冲发生器采用了一对加载电阻和一对短路枝节来抑制脉冲信号的尾纹波，同时所获得的脉冲幅度峰–峰值为 550 mV，脉冲宽度宽约 320 ps，纹波噪声在 −22 dB 以下（Ma et al., 2007）。本书在电路设计中采用了基于阶跃恢复二极管（SRD）的脉冲发生器。

3.2.2　阶跃恢复二极管工作原理

阶跃恢复二极管的管芯一般采用 P^+NN^+结构，如图 3.2 所示。它的杂质分布比较特殊，包含有两个高掺杂层和一个低掺杂层，并且低掺杂的 N 型层夹在高掺杂 N+层和 P+层之间（于晓东 等，2009）。

在半导体物理学中，可以自由移动的带有电荷的物质微粒称作载流子，如电子和空穴。载流子的定向运动产生电流。众所周知，PN 二极管元件具有单向导电特

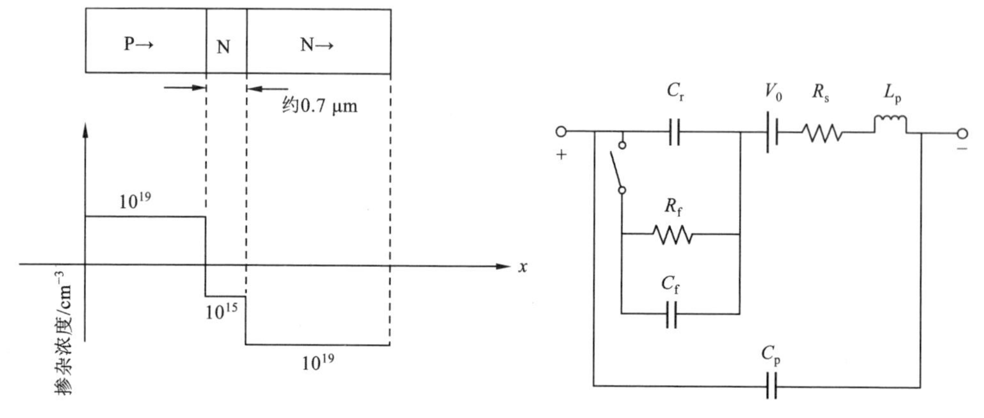

图 3.2　典型的 $P^{+}NN^{+}$浓度分布图　　　　图 3.3　阶跃恢复二极管等效电路图

性，将低掺杂的本征半导体层加入 P、N 半导体材料之间可组成 PIN 二极管。PIN 二极管包括 PIN 光电二极管和 PIN 开关二极管，它主要在射频领域应用。PIN 二极管和 PN 二极管的伏安特性相同，其主要差别在电磁波频段，前者对电磁波频段类似一个线性电阻。直流正偏时该 PIN 二极管接近短路，反偏时因电阻值增大接近开路。

阶跃恢复二极管类似于一个转换开关，可以实现高阻和低阻状态的转换(Zhang et al., 1996)。它有两个重要参数，一个是少子寿命 τ，为少子浓度减少到初始值的 1/e 所经历的时间；另一个是阶跃时间 T_t，为阶跃管的反向电流 I_r 降至 $0.8\,I_r$ 所需要的时间。

电流通过导体或电路元件后，因电阻的作用一端电位减少，从而产生了压差即电压降。阶跃恢复二极管等效电路图如图 3.3 所示。

图 3.3 中，C_{r} 为反向偏置耗尽层电容，C_{f} 为正向偏置扩散电容，R_{s} 为阶跃恢复二极管串联电阻，R_{f} 是阶跃恢复二极管结电阻，$\varPhi$ 为结势垒电位。阶跃恢复的含义为：阶跃恢复二极管正向导通时，对第 N 层完成充电，反向导通时，阶跃恢复二极管上的电压降因电容的存在而不能突变，一直到耗完所有的电荷并且恢复到反向截止状态。阶跃恢复二极管电量与电压的关系如下：

$$Q=\begin{cases} C_{\mathrm{r}}\times V V\leqslant 0 \\ \dfrac{C_{\mathrm{f}}-C_{\mathrm{r}}}{2\varPhi}\left(V+\dfrac{C_{\mathrm{r}}\times\varPhi}{C_{\mathrm{f}}-C_{\mathrm{r}}}\right)^{2}-\dfrac{C_{\mathrm{r}}^{2}}{2\times(C_{\mathrm{f}}-C_{\mathrm{r}})}\times\varPhi 0<V<\varPhi \\ C_{\mathrm{f}}\times V-\dfrac{C_{\mathrm{f}}-C_{\mathrm{r}}}{2}\times\varPhi V\geqslant\varPhi \end{cases}\tag{3-5}$$

3.3　导致脉冲畸变的因素分析

一个好的超宽带脉冲信号是在保证有较高的振幅情况下要求纹波最小。阶跃恢复二极管的是一个高度非线性的组件，当它被用在脉冲发生器的设计中时，其非线性特征会引起波形失真进而影响脉冲发生器的质量。

3.3.1　阻抗不匹配

导体对电流的阻碍作用称作电阻；在交流中，电容及电感抵抗电流流动作用称为电抗，分别为电容抗及电感抗。电阻、电容抗及电感抗的单位均是 Ω，其在向量上的和为阻抗。

如果负载阻抗与激励源阻抗互相适配，可以实现最大功率输出，这种状态称作阻抗匹配。不同的电路，其匹配条件也不同。例如，一个电阻为 R 的负载与一个直流电压源串联，电源电压为 U、内阻为 r，则电阻 R 所消耗的功率可表示为

$$P=\frac{U^2}{\left[(R-r)^2/R\right]+4r} \tag{3-6}$$

当且仅当 R 等于 r 时，电阻 R 有最大输出功率 $P_{\max}=U^2/4r$。此为阻抗匹配，无论对于低频电路还是高频电路，这一结论同时成立。

当电抗成分存在时，激励源内阻抗和负载阻抗只有满足共轭关系，才能使负载得到最大功率，称为共轭匹配。在低频电路中，因低频信号的波长相对于传输线来说很长，此时一般不考虑传输线的匹配问题，只需考虑信号源与负载之间的情况。而对高频电路来说，线路反射的问题必须考虑，因为这个时候高频信号的波长很短，线路的反射信号与原信号的叠加后将原信号的形状改变了。

一旦线路阻抗与负载阻抗不匹配，线路上形成驻波，并且负载端也会产生反射，导致线路的有效功率容量降低。对于电路板来说，这种阻抗不匹配还会引起辐射干扰，从而产生电流振荡。

线路的特征阻抗与普通的电阻概念不同，更不能通过欧姆表来量测，它与线路长度、信号自身的频率和振幅无关，而与线路的材料和结构有关。在图 3.3 的阶跃恢复二极管等效电路图中，扩散电容 C_f 的动态特性决定了阶跃恢复二极管阻抗的电压依赖性。同时，其他的寄生电感和电容值又造成了阶跃恢复二极管阻抗的频率依赖性。当阶跃恢复二极管用于脉冲发生过程中，无论使用何种匹配网络，其电压和频率依赖的阻抗特性导致了其不能得到绝对的阻抗匹配。因此，信号反射是不可避免的，会导致脉冲信号。用变压器来做阻抗转换，或者用电阻、电容或电感进行串联（并联），都可以实现阻抗匹配。

3.3.2　纹波的产生

纹波是一种噪声，可以分为共模纹波噪声、低频和高频纹波、超高频谐振噪声和闭环调节控制引起的噪声。在图 3.3 所示的阶跃恢复二极管等效电路图中，寄生封装电容 C_p、扩散电容 C_f 和动态连接电容 C_r 并联在一起，从而它为输入的激发源信号 V_s 提供了一个漏电路径，即在二极管开关关闭的情况下也可以绕过二极管。因此，在脉冲发生器的输出端就产生了纹波，它的存在会大大降低雷达的探测性能。

图 3.4 为在脉冲整形滤波前从阶跃恢复二极管脉冲发生器测得的高斯脉冲和漏电流纹波。本书所用的二极管都是美国 Metelics 公司的 MSD700 型二极管。如图 3.4 所示，在相邻的脉冲之间由非常明显的漏电流纹波存在，其周期与激发源信号 V_s 的周期相同，其振幅大约为输出的高斯脉冲的 1/4（高斯脉冲振幅大约为 2 V，而纹波的振幅大约为 500 mV）。如果不加以消除，那么如此大振幅的纹波将会在很大程度上破坏目标体的反射波信号。

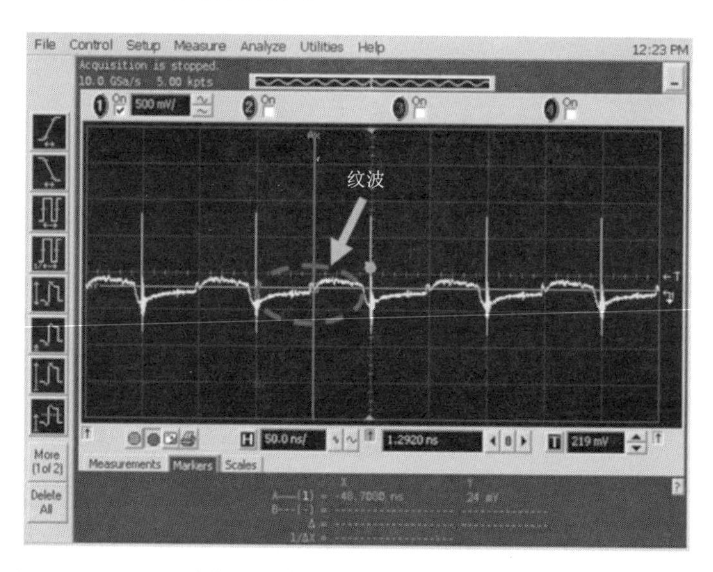

图 3.4　高斯脉冲和漏电流纹波

3.3.3　工作频率限制和脉冲振幅衰减

对脉冲雷达来说，为满足不同的应用需求，保证脉冲重复频率（pulse repetition frequency，PRF）在较宽的范围内可调是很重要的。低重复频率可以探测较远距离目标，而高重复频率允许在较近距离内加快目标探测的速度，并且信号的功耗损失更少。然而，在基于阶跃恢复二极管的脉冲发生器的设计中，阶跃恢复二极管的电性特征则限制了重复频率的可变范围。

由 3.2 节中的 PIN 型半导体的工作原理可知，对于双极型器件如 PIN 二极管，属于少数载流子器件。它的不足之处在于电荷存储效应导致的开关速度相对较低，限制了工作的频率。而对于单极器件，如 MOSFET、肖特基二极管，这些起作用的是多数载流子。它虽然不存在存储效应问题，有较快的开关速度，但是唯一缺点是电流能力不足。

3.4　超宽带脉冲电路的设计

对于探地雷达设计来说，其最终目的是要开发一个可以产生高幅度、低漏电纹波、重复频率可调范围较大的超宽带脉冲，所以要尽可能地提高阻抗匹配程度、滤波器滤掉漏电纹波，以及在使用低频率激发源信号时补偿有限的少数载流子寿命对脉冲振幅的影响。本书就是在阶跃恢复二极管和短路微带线的基础上开发一个高性能和低成本的脉冲发生器电路，产生一个亚纳秒宽的脉冲。此脉冲发生器的主要元件有三个，为信号振幅转换器、高斯脉冲发生器和脉冲整形滤波器。单周期脉冲发生器如图 3.5 所示。

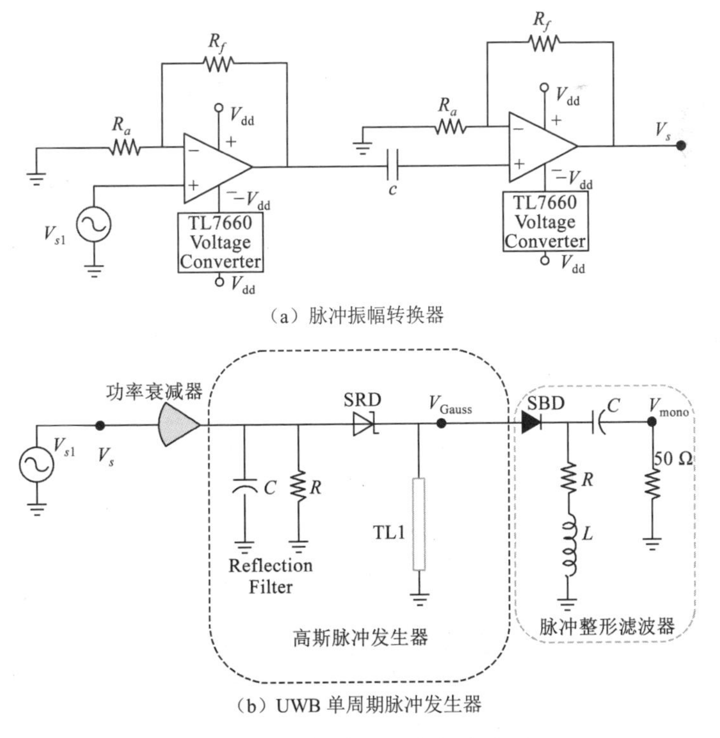

图 3.5　单周期脉冲发生器电路图

3.4.1 脉冲振幅转换器设计

如图 3.5（a）所示，脉冲振幅转换器包含三个组件：一个电流反馈运算放大器（THS3091）、一个电压转换器（TL7660）和一个 50 Ω 终端电阻。它的主要功能是将一个振幅为 0～V 的单极性方波转换并放大为一个幅度在−VDD～VDD 的双极性方波。该双极性信号 V_s 则作为阶跃恢复二极管高斯脉冲发生器单元的激发信号。

如图 3.5（b）所示，在脉冲振幅转换器的输出信号进入高斯脉冲发生器之前，要先用一个功率衰减器对激发信号进行处理，其目的是提高电路阻抗匹配和降低信号反射提供一个简单而有效的方法。这样因阻抗不匹配从脉冲发生器反射回来的信号在向激发信号节点传播并最终反射回到脉冲发生器时，因两次经过衰减器而被衰减了两次，但是入射的激发信号只衰减了一次，这就相对地降低了反射信号的大小。

本节中所用到的电路元器件见表 3.1。

表 3.1 电路元件信息

名称	型号	指标参数
基材	FR-4	62 mil，ε_r=4.4
阶跃恢复二极管	MSD700（Micrometrics Inc.）	60 ps transition time
PIN 型二极管	HSMP482B（Avago Tech. Co.）	Switching freq. up to 1.5 GHz
衰减器	PAT-3+（Mini-Circuits）	−3dB DC−7 GHz
电压转换器	THS3201（Texas Instrument Co.）	Generate -5 V power supply
增益运算放大器	TL7660 （Texas Instrument Co.）	Convert osc.signal swing from[0，5 V] to [−5 V，5 V]
功率放大器	HMC659LC5 （Hittite Microwave Co.）	DC −15 GHz Gain 19 dB
低噪声放大器	GALI-5+	DC−4 GHz Output Power−18 dBm
低噪声放大器	GALI-21+	DC−8 GHz Output Power−12.6 dBm
射频开关	HMC336MS8G （Hittite Microwave Co.）	DC−6GHz Isolation −42 dB @ 6GHz
现场可编程门阵列	Spartan3E （Xilinx）	3.3 V，Master Clock- 50 MHz，Two DCMs， 108 User I/O

3.4.2　高斯脉冲发生器设计

微带线是一根带状导线，它一方面可以传输高频信号并实现传输延迟，另一方面可以与其他固体器件一起设计生成一个匹配网络，实现阻抗匹配。其特性阻抗与导线的宽度、厚度、隔离间隔及其介电常数有关。因此，通过调整导线的宽度、厚度及隔离间隔即可实现对特性阻抗的控制。

肖特基二极管与 PN 型半导体不同，它利用金属与半导体接触从而形成金属-半导体结。其突出的特性是正向导通压降仅 0.4 V，并且其反向恢复时间可以小到几纳秒，可实现上千安培电流的整流。

在高斯脉冲发生器单元，由于固有的半导体特性，用 PIN 二极管与短路微带线连接的阶跃恢复二极管首先把输入方波的过渡边沿锐化。PIN 二极管是由一个数字开关控制，当开关接通时，PIN 二极管正向偏置，边缘锐化的阶跃信号与微带线连接，反之当微带线短路时，可以使阶跃信号沿微带线反射产生等幅反相的信号。在阶跃恢复二极管的输出节点，入射阶跃信号和反射信号相互叠加产生的脉冲信号为高斯脉冲信号，高斯脉冲信号的宽度取决于信号沿微带线的传播延迟，并且与微带线的长度成正比。通过控制微带线的长度进而可以控制高斯脉冲的带宽。随后将高斯脉冲与一个肖特基二极管连接。肖特基二极管在此处的作用是半波整流，它只允许正脉冲通过而消除负脉冲，同时也可以过滤掉低振幅噪声。

3.4.3　脉冲整形滤波器设计

电感器是一种电子元器件，它能够把电能转化为磁能存储。它类似于只有一个绕组的变压器。电感器的主要作用是阻止电流的变化。

脉冲整形单元是由电阻器、电感器和一个串联电容组成。电阻器和电感器产生一个低阻抗路径，可将低频纹波地线分流，而小的串联电容只允许高斯脉冲中的高频成分通过。这个脉冲整形电路有两个作用：一是作为一个高通滤波器，消除低频纹波；二是作为一个微分器，对输入的高斯脉冲微分处理产生一个单周期脉冲信号。需要注意的是微分器中，其产生单周期脉冲振幅与高斯脉冲的斜率成正比。尽管功率衰减器和低通滤波器降低了脉冲的振幅，但是本节设计产生的高斯脉冲带宽很窄（为 1 ns），其斜率仍很大，因此微分后的单循环脉冲具有很高的幅度。

图 3.6（a）和图 3.6（b）为功率衰减器使用之前的脉冲模拟图像。图 3.6（c）为功率衰减器使用之后的单周期脉冲模拟图像，脉冲宽度约 1 ns、幅度约 1.8 V（Han et al., 2002）。脉冲信号通过 Hittite Microwave 公司生产的宽带功率放大器（HMC659LC5），其自身被放大并以 35 dBm 的输出功率通过超宽带发射天线发

射出去。超宽带单极化接收天线接收从目标反射回来的信号，并用 Mini-Circuits 公司生产的低噪声放大器 GALI-5+和 GALI-21+将其放大，反射回来的信号如图 3.6（d）所示。

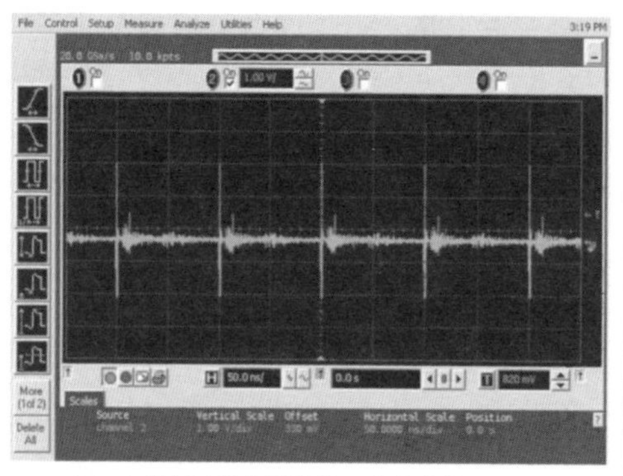

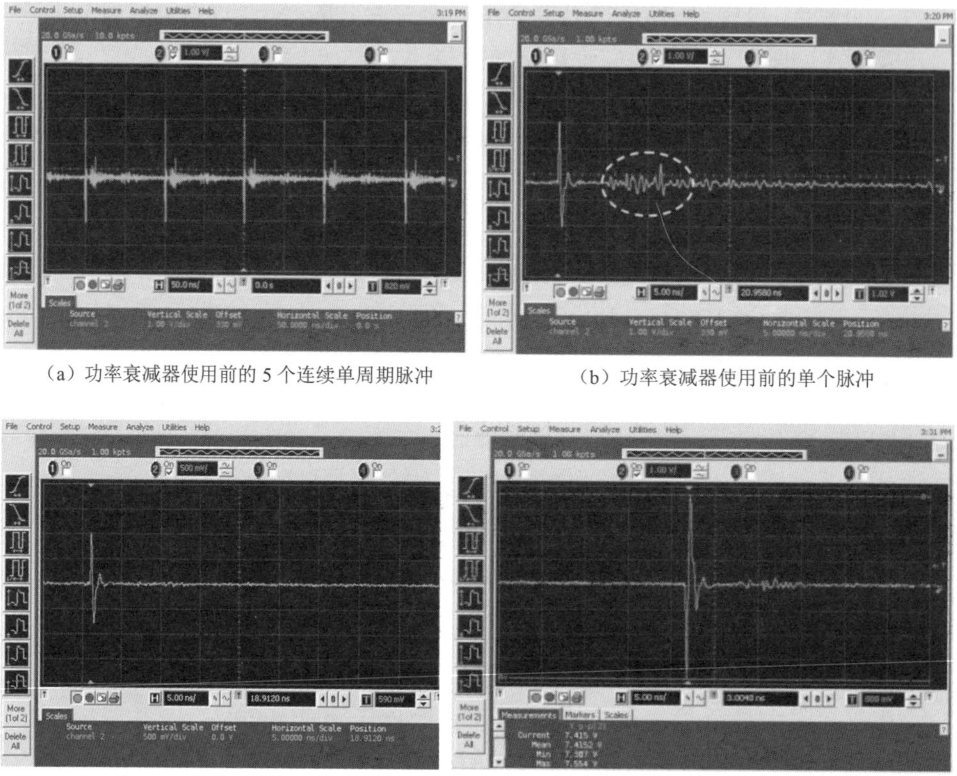

（a）功率衰减器使用前的 5 个连续单周期脉冲

（b）功率衰减器使用前的单个脉冲

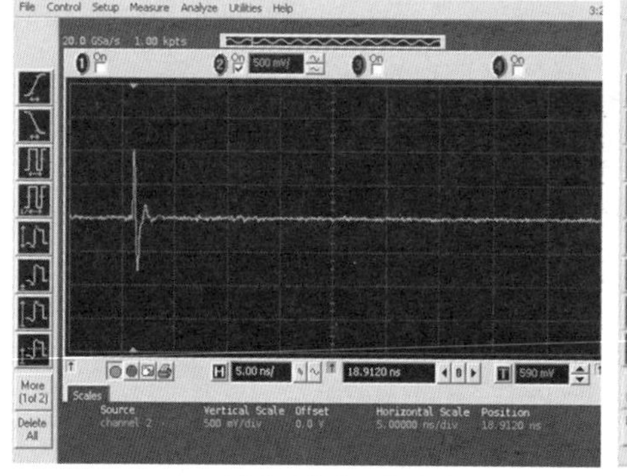

（c）微分后的单周期脉冲

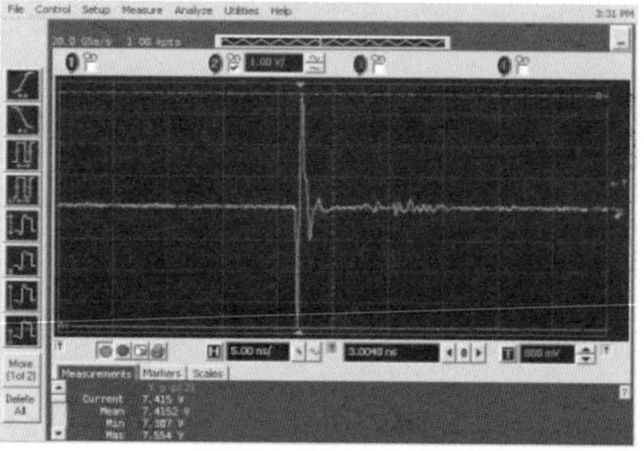

（d）功率放大后的单周期脉冲

图 3.6　单周期脉冲

与其他类似的单周期脉冲相比，本节设计产生的脉冲有低纹波和高脉冲幅度的特点，而这些在提高雷达系统的性能上将有更大的优势（Zhang et al., 1996）。但是，它也存在一些问题，首先，产生的单周期脉冲信号不是对称的，产生的非零直流分量不能被发射出去，因此会影响信号的发射效率；其次，脉冲重复频率最高是 100 MHz，不允许远距离目标的探测；最后，因采用的−20 dB 衰减器很大，大大降低了目标信号的幅度。

3.5　印制电路板布局设计

3.5.1　基板的选定

印制电路板（printed circuit board，PCB）包括单、双面印制板和层印制板，它是电子产品非常重要的组件。作为面印制板制造中的基板材料在整个 PCB 中起着导电、绝缘和支撑的作用，也影响着面印制板的质量、性能、制造成本、加工特性。常用的基板材料包括刚性基板材料和柔性基板材料。覆铜板则是常用的刚性基板材料。

FR4 指的是一种材料等级，特指耐燃等级，环氧树脂、玻璃纤维和填充剂的复合材料一般都是 FR4 级。这种材料具有耐燃特性，其介电常数在 4.3 左右，可以再高频率下工作，是目前制作 PCB 的一种主要材质。

3.5.2　电路板布局设计

本书中的探地雷达 PCB 就是基于 FR4 基板进行布局设计的,其中 FR4 基板微带和波导布局如图 3.7 所示。信号生成系统的微波前端电路包含有高输入输出阻抗的电流反馈运算放大器、脉冲发生器（含有 SRD 和短路枝节）、MMIC（单片微波集成电路）功率放大器、低噪声放大器和射频开关，其输入和输出接脚阻抗理想情况下为 50 Ω。对于超宽带系统，在设计 PCB 布局时，维持整个电路的线路阻抗 50 Ω 是很重要的，以最大限度地减少干扰信号。

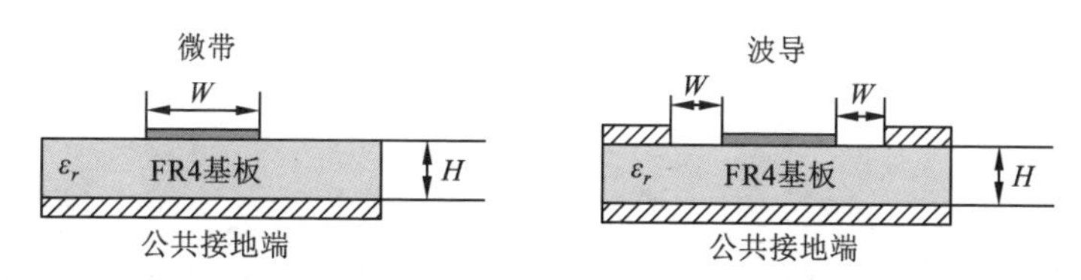

图 3.7　FR4 基板微带及波导布局

微带线的阻抗特性可以用基板有效介电常数表示，并有

$$Z_o = \frac{60}{\sqrt{\varepsilon_{\text{eff}}}} \ln\left(\frac{8H}{W} + \frac{W}{4H}\right) \tag{3-7}$$

式中：Z_o 表示线路阻抗；ε_{eff} 为基板的有效介电常数；H 为基板的厚度；W 为金属导体的宽度。电路板生产前几乎所有其他参数都已经固定，唯一例外的是微带设计中金属导体的宽度 W 或波导技术中的隔离间隔，这一参数变量可以实现 50 Ω 的线路阻抗。例如，FR4 的环氧玻璃基板，其介电常数在 4.2～5.0，基板厚度为

0.157 48 cm。铜金属带作为在微带技术下的布局导体，其宽度为 0.289 56 cm，以实现 50 Ω 的线阻抗。对波导技术来说，0.134 62 cm 的导体宽度和 0.033 02 cm 的隔离间隔可以实现 50 Ω 的线阻抗，超薄路板使得与放大器和交换芯片的输入和输出接脚的连接更加容易。

图 3.8（a）为电路板布局图，后送至 IBM（驻 Burlington 分公司）进行生产制造，生产出的微波前端板如图 3.8（b）所示。

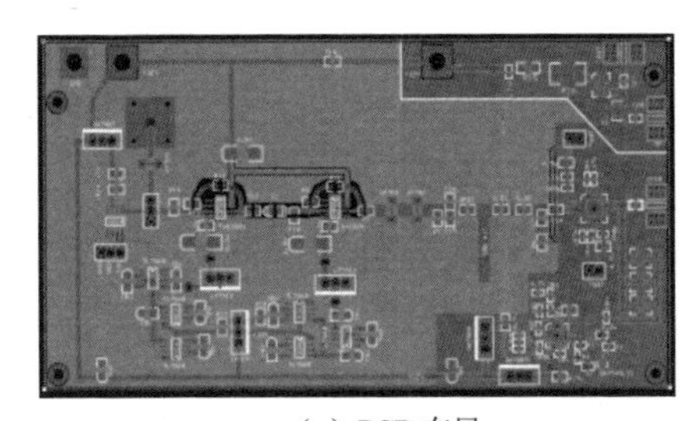

（a）PCB 布局

（b）制作的微波前端板

图 3.8　PCB 布局图

根据电路板布局图生产制作出来的微波前端板，将其生成的发射信号和一个喇叭天线接收到的信号在示波器上显示，如图 3.9 所示。

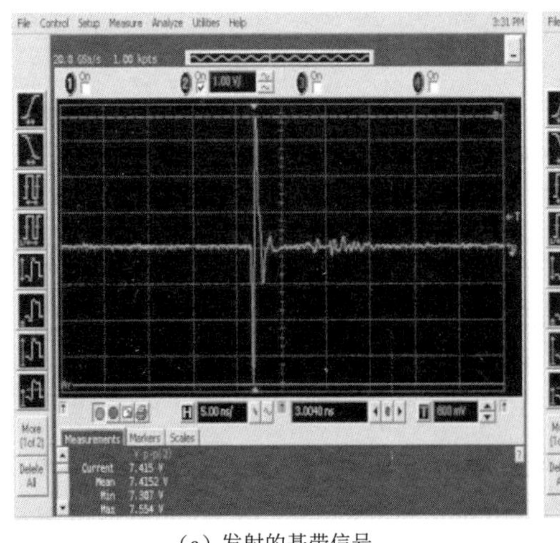

（a）发射的基带信号

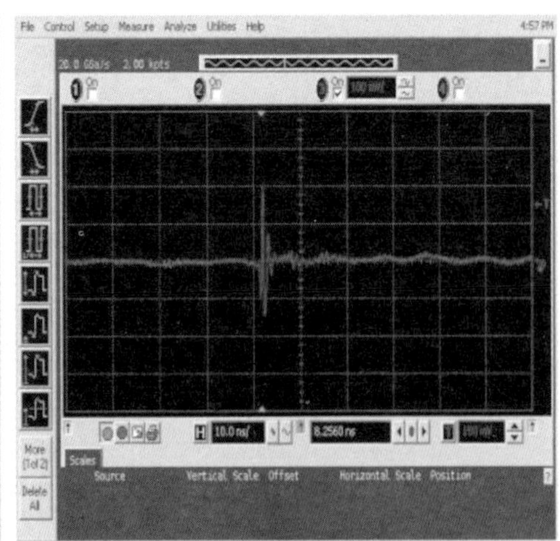

（b）接收的基带信号

图 3.9　基带信号和调频信号

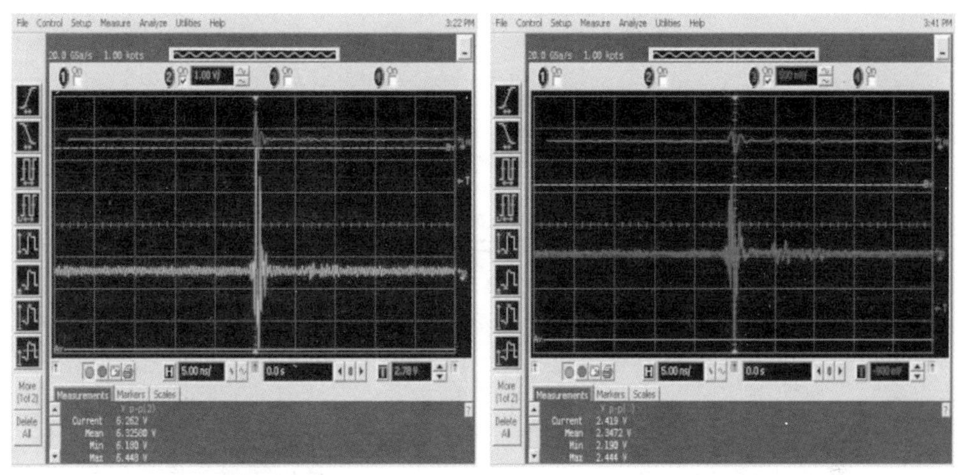

（c）发射的调频信号　　（d）接收的调频信号

图 3.9　基带信号和调频信号（续）

第 4 章　信号采集与存储系统的设计与实现

本章在对比分析等效采样和实时采样两种不同采样方式的基础上介绍高速双通道超宽带探地雷达系统采用的实时采样单元，将实时采样率提高到 8 Gsa/s，采样点时间间隔为 125 ps，用于对雷达反射信号的数据采集；根据后期数据解译和定位的需要提出并建立头文件数据，包括时间戳数据、测量轮编码器数据、通道标签数据。重点阐述并分析数据传输与存储中的瓶颈问题，即正常的 I/O 读写操作速度比采样速度慢约 100 倍而产生的数据溢出问题，并针对该问题提出 4 个解决途径，从而实现 GB 级雷达数据和头文件信息数据的快速存储；此外，设计三种数据采集控制方法，并基于 LabVIEW 开发平台，设计开发一个数据采集交互控制子系统，最后对本雷达系统雷达数据量级进行估算。

4.1　信号采样理论

4.1.1　奈奎斯特采样定理

模拟信号指的是在时间或空间上以某种方式变化的连续信号，而采样则以一定的单位间隔 T 来测量连续信号的值，最终将连续信号转换成一个数值序列。采样频率 f_s 为 $1/T$。等效采样与实时采样是目前常用的两种采样方式（Ye et al., 2011；Harry，2009）。

采样定理指出，如要完整地保留原始信号中的信息，在采样过程中，采样频率要大于信号最高频率的 2 倍。这样，采样所得的离散时间信号才可以进行真正的信号重建，还原连续信号，否则会出现信号采样失真。

信号采样过程中还有一种混叠现象，即信号中 $f_s/2$ 以上的频率成分和 $f_s/2$ 以下的频带成分叠加起来。通过提高采样频率 f_s 及采用抗混叠滤波器可以有效地消除混叠，但是前者因最大采样频率的限制，其作用比较有限。

4.1.2　等效采样

等效采样是指在采样过程中，通过多次触发、多次采样而获得并重建信号。每个触发只捕获一个样值，下一次触发时，触发间隔增加一段小的增量 Δt，这个增量就是等效采样的周期。重复该过程，直到按设置的采样点数全部采集完毕①。

等效采样的工作方式如图 4.1 所示，各个取样点分别取自不同输入信号的不同位置上，设置的采样点数为一个周期。在等效采样方式下，采样率受奈奎斯特采样定理限制，即采样频率至少应达到记录的信号最高频率的 2 倍，但是在实际应用中，采样率通常大于信号最高频率的 6 倍。例如，SIR 雷达系统采样率是天线中心频率的 10 倍，并有

$$样点数/扫描速率=(时窗/脉冲宽度)\times 10$$

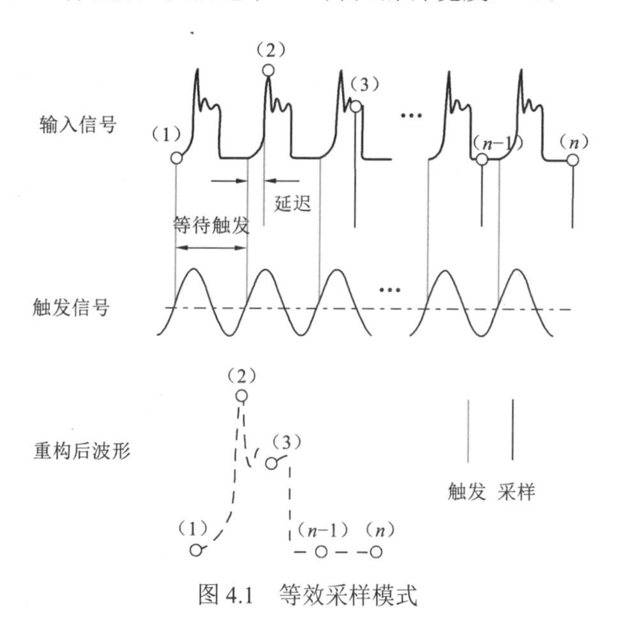

图 4.1　等效采样模式

4.1.3　实时采样

与等效采样方式不同，实时采样的主要特点是触发波形一到，系统就进入采样模式，连续采集若干预制的采样点后停止，然后等待下一个触发，其工作方式如图 4.2 所示。因所有采样点均是以时间为顺序，波形显示功能易于实现。

---

① 百度百科. 等效采样.（2015-06-08）[2018-11-29]. http://baike.baidu.com/view/2686057.htm?fromTaglist.

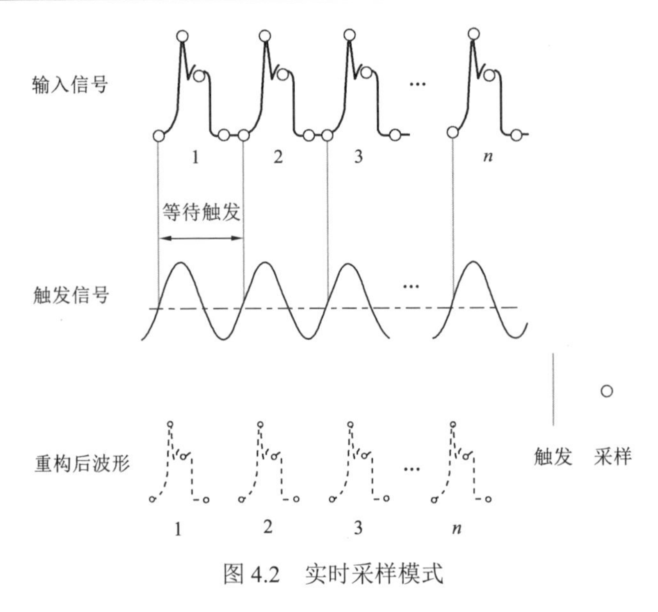

图 4.2　实时采样模式

等效采样有一个前提条件是在一个周期内信号必须是相同并重复的，但是对于高速双通道超宽带探地雷达系统来说显然是满足不了这一条件。因为雷达被安装在车上以后将以 100 km/h 的速度行进，假设雷达波的发射频率为 1 GHz，那么两个脉冲间隔时间为 1 ms，在 1 ms 这段时间内，雷达移动的距离大约为 3 cm。一方面在 3 cm 范围内雷达反射信号难以保证是相同的，另一方面公路混凝土结构中钢筋的直径为 20 mm 或者 25 mm，均小于 3 cm，所以这种采样方式很有可能使钢筋反射信号在探测过程中丢失。因此高速双通道超宽带探地雷达就是以实时采样的方式对每一个反射回来的脉冲信号进行采样，以获取详细的地下介质反射信息，从而提高探测的精度。

4.2　数据传输与存储的瓶颈问题

模数转换器(ADC)进行数据采集时，采集速度高达 8 Gsa/s，采样间隔为 125 ps，也就是说每 125 ps 就会有一个采样点数据被采集到 ADC 内存中。根据实验测得的结果，在一般情况下，每一个采样点数据从 ADC 内存转移到计算机内存，然后再保存至计算机硬盘中，这一过程平均需要 13 ns，这就意味着数据的读写速度存在巨大的差别，即数据采集速度是数据写入速度的近 100 倍。所以在很短的时间内 ADC 内存会因迅速填满大量数据而数据溢出，从而造成数据丢失。显然，普通的 I/O 读和写操作难以应对如此高的采样率和相当大的数据量。

图 4.3 所示，为数据传输与存储的问题示意图，整个数据采集系统的瓶颈问题就是数据的读写速度太慢造成的数据丢失问题。图 4.3（a）显示的是可预测的时间间断引起的数据丢失问题。因读写速度差及 ADC 内存有限，当某一时刻（500 ns）ADC 内存被填满时，采样模块仍继续收集数据，ADC 内存无法存储多余数据而产生数据溢出，直至 ADC 内存中部分数据被传输而释放该部分空间后，数据才能被写进来，而在这个时间间隔内，采集的数据就会丢失。图 4.3（b）显示的是不可预测的时间间断引起的数据丢失问题。突出表现在操作系统的不稳定性，即随机的中断延迟。主要原因是计算机是多任务操作系统，在系统运行过程中随机出现的短暂中断延迟就会引起数据传输的间断，进而造成数据的丢失。

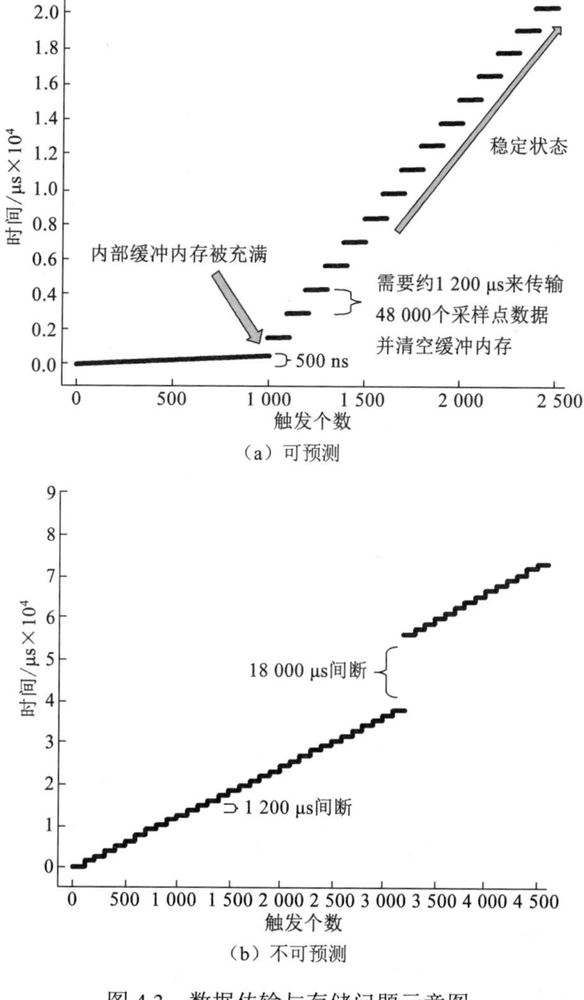

图 4.3　数据传输与存储问题示意图

4.3　问题解决方案

为了解决数据传输与存储中的瓶颈（读写速度慢）问题，高速双通道超宽带探地雷达系统的数据采样设备有高速-ADC、测量轮编码器和 QSB-M 适配器，数据存储设备有第三代固态硬盘（SSD）（图 4.4）；另外还采用了其他几种技术来解决这一瓶颈问题。

（a）U1065A Acqiris10 位 cPCI 数字化仪

（b）测量轮编码器

（c）QSB-M 适配器

（d）第三代固态硬盘

图 4.4　数据采集设备

4.3.1　雷达反射信号采集设计

1. 高速 ADC

高速双通道超宽带探地雷达系统实时 ADC 是安捷伦（Agilent）公司生产的 U1065A Acqiris 数字化仪，如图 4.4（a）所示。该 ADC 有四个通道，采样率可以达到 8 Gsa/s，数据精度为 10 bit。高采样速率和高分辨率使得该雷达系统在高速公路上以正常行驶速度下实现对回波信号的实时采集。具体参数见表 4.1。

表 4.1　数字化仪特征参数

型号	阻抗	允许带宽	电压范围	补偿范围	通道转换器最大个数	采样率	默认内存/每通道	最大可扩展内存/每通道	最大段数
U1065A 数字化仪	50 Ω	2 GHz 0.17 ns	0.05 ～5 V	±5 V	2/2	8 Gsa/s	512 kB	512 MB	125 kB

该 ADC 工作模式有两种，一种是单序列采集模式（single sequence acquisition modes），另一种则是多缓冲区同步采集并读取（simultaneous multi-buffer acquisition and readout，SAR）模式。

1）单序列采集模式

ADC 在触发器触发之后开始进行信号的采集。ADC 内部有一个统一的同步时钟，通过该时钟采集一系列相同时间间隔的电压值（采样点），每个波形都是由这一系列测得的采样点组成的。数字化仪主板上的触发时间插补器（trigger time interpolator，TTI）可以执行精准的时序测量，测量并储存每个触发信息的到达时间。然后根据各个触发时间的不同，来区别不同的触发事件。该仪器可以量测的最大时间差是 213 天。为了最大限度地提高采样率，并尽可能有效地利用内存，数字化仪还包括两种存储模式，分别为单存储模式和顺序存储模式。对于这两种模式，所有使用的通道均可以同步采集数据。

单采集模式是大多数数字化仪器产品的常用模式。在这种模式下，仪器一旦被触发将只采集并记录一个回波信号。用户可以自己选择采样率和采集存储器的大小，段数设置为 1（默认值）。

序列采集模式，允许对连续波形采集和储存。当只有部分信号需要采集并分析时，序列采集模式是非常有用的。它可以优化采样率和内存需求，所以在几乎所有的脉冲响应类型的应用中（雷达、声呐、激光雷达、超声、医学和生物医学研究等）都有用到。

在顺序采集模式下，仪器内存可以分为 2～16 000 个段，每个波形都需要独立触发，采集存储器分为预先选定的段，波形数字化后存储在连续的内存段中。在顺序采集模式，用户需要指定采样率、采集存储器大小及段数。注意，单采集模式仅是序列采集模式在段数设置为 1 情况下的特例。

序列采集可以对很短时间内连续发生的事件进行采集并存储，且不会造成数据丢失。ADC 一旦被触发，一个数据采集的过程就开始，可被称为一个触发事件。在每个触发事件结束时，将有一个很短的时间间隔，在这个间隔期间 ADC 停止新的数据采集。这个时间间隔是数字化仪器触发准备时间或空载时间，在 ADC 不会有数据丢失的情况下，它可以影响最大的触发事件发生速度或触发频率。序列采集模式的一个重要特点是，它有一个非常快速的触发反应时间。一个快速触发反应时间在两个连续采集段之间带来非常短的“空载时间”（在最大采样率情况下，使用内部存储器时为小于 350 ns，使用外部存储器时为小于 1.8 μs）。

2）SAR 模式

SAR 模式的工作示意图如图 4.5 所示。ADC 内部存储器的双端口结构允许仪器同时进行数据采集和数据导出。内存可以变成一个预先设定循环单元个数的循环缓冲区（单元个数可以在 2～1 000 变化）。在数据被读取并导出时，缓冲区内任何一个可用的循环单元都可以同时采集数据。因此，尽管计算机操作系统可能会带来数据读取和传输的短暂中断，这种机制和序列采集一起则实现了最快的连续发生事件的采集。最快的连续发生事件，是仪器可以接受的最大触发频率值，并不会引起数据的丢失。需要注意的是，这种模式只适用于内部存储器在单通道情况下，而不是所有采样率和通道组合都能工作，在“开始触发”选项被选中状态下它也不能工作。

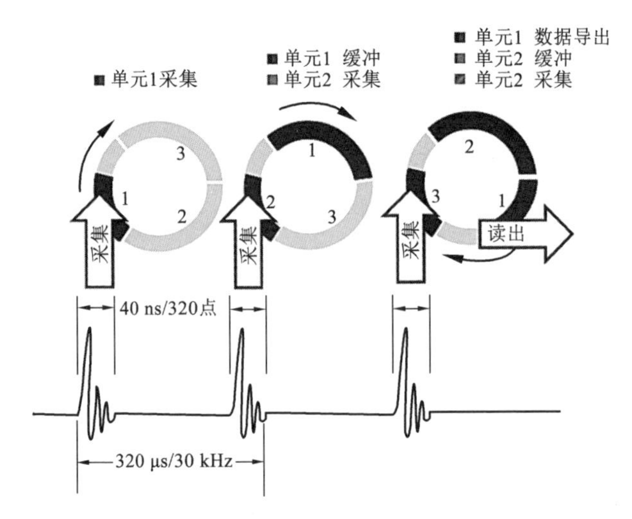

图 4.5　SAR 模式的工作示意图

2. SAR 采集模式配置

ADC 被设置工作在 SAR 模式下，ADC 内存被分为三个循环缓冲区单元。ADC 内部存储器独特的双端口结构可以允许仪器同时进行数据采集和数据导出。在数据被读取并导出时，缓冲区内任何一个可用的循环单元都可以同时采集数据。另外，对三个循环缓冲区单元都设置工作在序列采集模式，即每一个循环缓冲区单元都被分为 333 个段（ADC 要求循环缓冲区单元的个数和段数的乘积要小于等于 1 000）。每一个段可以存储一个脉冲信号的所有采样点数据。在本节中，采样视窗有 10 ns 和 40 ns 两种，又因为采样间隔时间为 125 ps，所以每个段存储的采样点数据分别为 80 个和 320 个。

ADC 一旦启动便会触发数据采集过程。在没有数据丢失的情况下，触发准备时间或空载时间影响触发事件的频率。在本节中 ADC 设置参数下，空载时间小于 350 ns。

前面问题分析中已经提到，ADC 采集一个样本数据只需要 125 ps，而从 ADC 内存转移并保存至计算机硬盘的整个过程则需要 13 ns，数据转换并保存的速度比数据采集速度要慢 100 倍。巨大的速度差异必然导致 ADC 工作失常和数据的丢失。但是，脉冲探地雷达信号有一个非常低的占空比和很大的时间间隔，在整个周期里面有用信号只占很小一部分。如图 4.5 所示，信号重复频率为 30 kHz（周期为 33.3 μs），有效采样时窗只有 40 ns，对每一个触发事件来说 320 个数据点被采样。所以填满一个循环缓冲区单元所需要的时间大约为 1 ms（33.3 μs/seg×333 seg=1 ms），而有效的采样时间长度为 13.32 μs（40 ns/seg×333 seg=13.32 μs）。这个时间差使得从 ADC 采集到计算机的硬盘数据传输和存储多了近 1 ms 的相对时间余量。换句话说，这个相对时间余量对采集存储的速度差产生了近 76 倍（1 ms/13.32 μs）补偿。

ADC 配置的程序框图如图 4.6 所示。在该配置操作中，ADC 首先被初始化，并且将产生一个 ID 编号，后面的程序函数通过该编号来识别该仪器。后续的 ADC 配置流程包括通道合并、时基设置、模式设置、内存设置、垂直设置、水平设置和触发设置，函数需要的所有参数都在函数调用时预先定义，并输入到不同的功能函数中。在配置流程的最后，ADC 原始的相关参数都已经被定义出来，从而便于后续数据的读取。

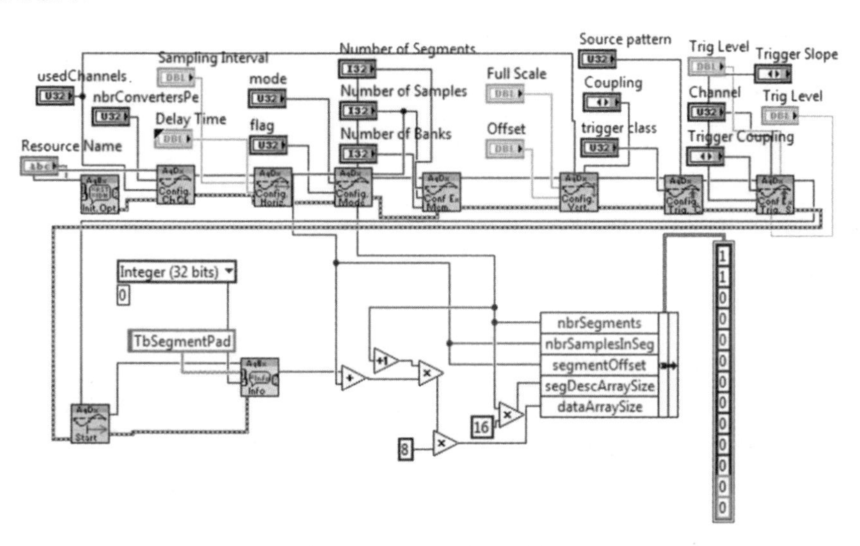

图 4.6　ADC 配置程序框图

4.3.2　头文件数据采集设计

在雷达系统的数据采集过程中，除了雷达反射信号的数据及其他属性数据之外，还有时间戳信息数据、测量轮编码器数据、通道标签数据，这三种数据因为要与相应的信号段采样数据同时保存，所以统称为头信息数据。

1. 测量轮编码器及 QSB-M 适配器

测量轮编码器数据的获取是通过一个可与地面接触转动的车轮[图 4.4（b）]、一个 S1 型光轴编码器[图 4.4（b）]、一个 QSB-M 适配器[图 4.4（c）]（后两个是美国 US Digital 公司的产品）来完成的。其主要目的是获取雷达数据的位置信息，因测量轮周长是固定的，光轴通过编码器和 QSB 计算的车轮转动的圈数从而计算雷达系统移动的距离。光轴编码器是一种非接触式旋转 ADC，可以方便地获取位置反馈信息。编码器由 LED 光源和其他相关的电子器件组成，从而实现将轴的速度和方向转变为 TTL 电平信号。它需要一个+5V 的直流电源，每转一圈可以产生 1 250 个 TTL 电平信号。

QSB 是一个低成本的 USB 数据采集设备，作为一个 COM 串口与计算机连接，它可以计算增量式编码器的正交和索引信号的数目，提供了数字 I/O 接口，执行 A/D 转换或作为步进电机控制器。QSB 有 3 种型号：QSB-S、QSB-M 和 QSB-D，分别提供不同的功能。本系统采用的是 QSB-M，提供了 4 个数字 I/O 接口，它是 USB 总线封装在一个超薄、紧凑的棒装外壳中，因此易于安装和使用。US Digital 公司提供了一个应用程序编程接口函数库，用户可以开发自己的应用程序。

2. 采集功能设计

时间戳信息数据的获取是用计算机直接计时并读取的，从系统开始数据采集作为开始计时时刻，该计时系统是一个循环的程序，计时精度为毫秒，计时结果被放在一个变量中，需要该变量时即被调出。

通道标签数据的获取也是通过 QSB-M 适配器进行的。通道标签信号是由 FPGA 根据数字化仪反馈信号来触发的一个 TTL 电平信号（详见 5.3 节），QSB-M 读取该信号并将其转化为数字信号传递到计算机内存中。

4.3.3 多线程并行技术

多线程是指多个线程并发执行的技术，一般通过软件或者硬件来实现，进而整体处理效能得到了较大的提升。对计算机来说，如果其具有多个处理器，才真正有同时执行多个线程的能力。

为了进一步缓和数据采集和数据存储过程中的速度不匹配的问题，本书引入了多线程同步处理技术。高速双通道超宽带探地雷达系统主控计算机的配置如下：

处理器为 4 核 I7 处理器，处理器频率为 2.67 GHz，内存为 8 GB。数据转移及存储的多线程同步设置如图 4.7 所示，其中线程 1 和线程 2 的任务是循环依次读取 ADC 内存循环缓冲区单元中的数据到计算机内存，读取并添加线程 3 中的时间戳信息数据、测距轮编码器数据和通道标签数据；线程 3 的任务是分别从计算机系统时钟、测量轮编码器、FPGA（详见 5.3 节）中提取并读取时间戳信息数据、测距轮编码器数据和通道标签数据；而线程 4 的任务则是把线程 1 和线程 2 中的数据写入计算机硬盘中。两个进程交替读取 ADC 内存中的数据，比如线程 1 读完数据，接着还要读取时间戳、测距轮和通道标签数据，在此过程中线程 2 已经开始读取 ADC 的数据，从而相对缩短了数据传输和存储的时间，对数据采集存储存在的速度差产生了补偿。

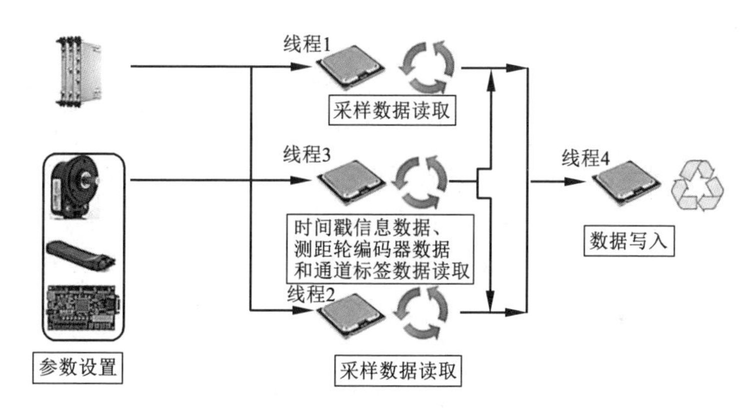

图 4.7　数据传输及存储的多线程同步设置

4.3.4　临界区控制及队列结构

在多线程并行处理设计中，临界区段指的是那些可以存取共用资源的进程片段，同时对共用资源来说，多个线程必须互斥地对它进行访问，这些共用资源不能同时被多个执行线程进行数据的存取。如果一个线程获准进入临界区，那么其他所有试图访问此临界区的线程则被挂起不允许进入，直到临界区内的线程离开后开始抢占该临界资源。在 LabVIEW 编程开发环境（详见 4.5 节），临界区控制是通过信号量（semaphores）来实现的。

信号量技术是一种临界区控制的方法，可以实现多个线程并行访问共享资源。需要说明的是，访问共享资源的线程最大数目需要预先设定，默认值为 1。任何一个线程进入临界区之前，必须获得一个信号。首先该进程进行判断，如果没有线程占用临界区资源，可用资源计数为 1，那么该线程立即进入临界区，同时可用资源计数减 1 变为 0，而其他没有进入的线程则需要等待，直至进入的那个线程释放信号。当该临界区内任务完成时该进程必须立刻释放信号，此时可用资源计数加 1。如图 4.8（a）所示为常用的信号量函数。

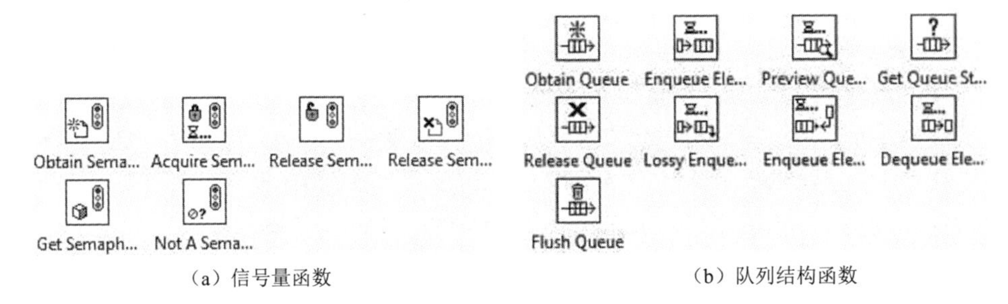

（a）信号量函数　　（b）队列结构函数

图 4.8　函数列表

队列（queue）是一种先进先出的结构（图 4.9）。在具体应用的实现一般是通过链表或者数组。与堆栈不同，队列只允许在其后端进行数据插入操作，在其前端进行数据删除操作。队列有单链队列和循环队列之分，前者插入和读取的时间代价较高，但是队列长度也没有限制，也不存在伪溢出的问题。循环队列有固定的队列大小，可以防止伪溢出的问题。在 LabVIEW 开发环境中，队列功能是通过队列结构来实现的。

高速双通道超宽带探地雷达系统主要是将线程 1 和线程 2 中的数据传递到进程 4 的队列中。数据首先被发送到 queue 缓存中，如果这些数据没有被进程 4 读取，那么它将一直保存在 queue 缓存中，直到被读出并删除为止。这样可以确保 ADC 采集的数据全部被保存在计算机硬盘中。

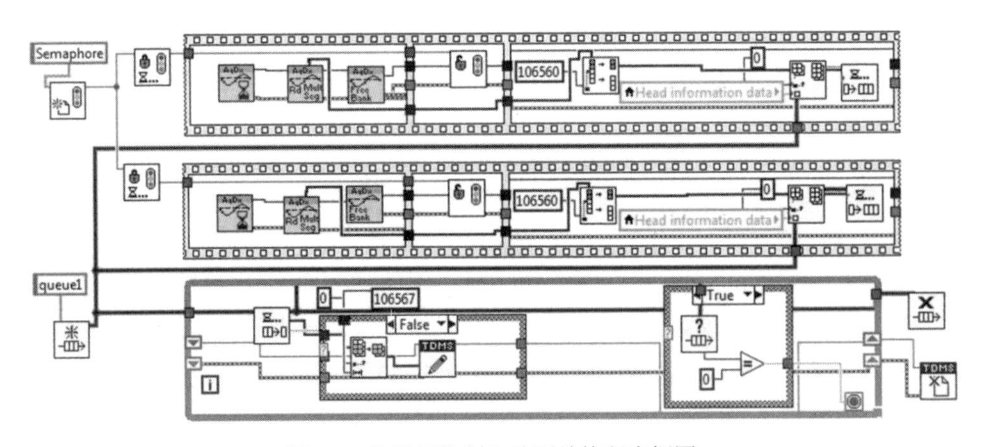

图 4.9　临界区控制和队列结构程序框图

因 ADC 属于一个硬件临界资源，同一时间只允许一个线程对其访问并读取数据，所以在 LabVIEW 中使用了信号量技术。又因为在设计中两个进程读取数据，一个线程写入数据，所以对两个读取的线程需要一个队列结构，把读取的数据放入一个队列中，等待线程 4 将其写入计算机硬盘中并在队列中删除该数据。

4.3.5　数据结构和存储格式

1．数据结构

雷达数据包括属性数据、头信息数据（时间戳信息数据、测量轮编码器数据、通道标签数据）和脉冲样点数据。其中属性数据即描述雷达数据采集项目、测线、位置、天线属性、道属性等属性信息的数据，GPR 属性数据文件结构请参见附录 I，脉冲样点数据即 ADC 采集出来的数据。

ADC 内存被分为三个循环缓冲区单元，每一个循环缓冲单元的数据被读入计算机内存之后要加上头信息数据组成一个数据块，然后依次被存储起来。图 4.10 为一个数据块结构，各部分的数据类型和字节数见表 4.2。

图 4.10　数据块结构

表 4.2　数据类型及字节数统计

名称	数据类型	字节数
时间戳信息数据	Int16	4
测量轮编码器数据	Int32	1
通道标签数据	Binary	1
脉冲样点数据	Int16	106 560（40 ns）
		26 640（10 ns）

2．数据格式

信号采集系统的瓶颈问题是雷达数据传输与存储的问题，但是在加快存储的速度的同时还要综合考虑后期的雷达数据处理和管理需求。雷达数据格式的选定要考虑以下原则：①写文件速度必须要快。需要在采集数据的同时就把数据写到硬盘中，高速双通道超宽带探地雷达系统所用到的 ADC 采集速度相当快，对写速度要求较高。②向文件追加数据（append）时，速度要快，这个时候不读取文件中的信息。③写文件的速度不能与文件大小成正比。不管文件有多大，写文件的速度应该总是保持相对恒定，不能文件越大写得越慢。④兼容性。数据处理及分析用的可能不是同一套软件，数据存储需要采用一种比较通用的文件格式，能在不同的平台、不同的软件中实现这些不同的处理功能。⑤支持的数据类型。文件格式要尽可能多地支持所有的数据类型，如二维数组、存储时间、日期等，以免带来不必要的麻烦。⑥支持随机的读取。允许在任意位置开始读取数据，而不需要把这个位置之前的所有数据都先读出来。⑦支持分别读写描述性信息和原始数据。⑧文件不能太大。存储同样的数据量，文件越小越好。

根据这一原则，在前期 MATLAB 环境下开发时主要涉及 DAT 和 HDF5 格式的数据，而在 LabVIEW 环境下开发时主要涉及 TDMS 格式的数据。下面主要对 DAT 和 TDMS 格式的数据进行介绍。

1）DAT 格式

DAT 是 DATA 文件的缩写，它是一种二进制文件，数据都以二进制的方式存入计算机硬盘中，因二进制语言为计算机语言，所以二进制格式的最大优势是读取写入速度快。

DAT 是数据流格式，没有统一的数据结构，而是根据程序开发人员自己的程序输出为原则。DAT 数据存储格式如图 4.11 所示，共分为三块：索引区、属性记录区、数据块记录区。其中索引区为 12 字节，前 4 字节存储了起始数据索引的绝对地址，中间 4 字节存储了第一个数据块索引的绝对地址，后面 4 字节存储了最后一个索引的绝对地址。属性记录区记录了 GPR 属性数据，其大小与属性数据文件结构及其内容有关。数据块记录区则记录了 ADC 采集的脉冲数据及其头文件信息数据。

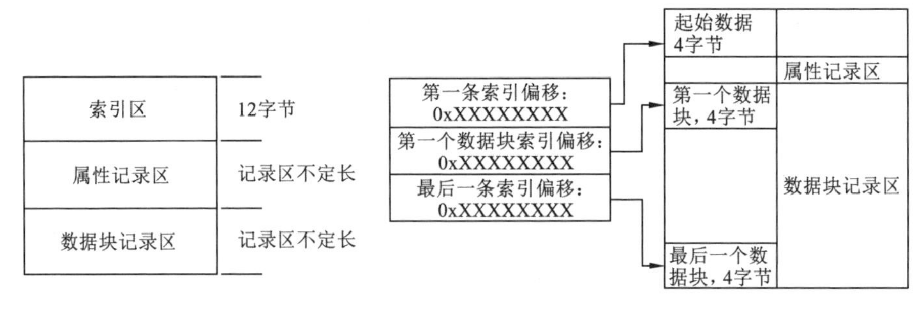

图 4.11　DAT 数据存储格式

2）TDMS 格式

TDMS 文件是美国国家仪器公司（National Instruments）推行的一种二进制记

录文件格式，能够在美国国家仪器公司生产的各种数据分析或挖掘软件之间进行无缝交互，也能够提供一系列 API 函数供其他应用程序调用（National Instruments，2010；叶永清，2010）。

图 4.12 为 TDMS 文件的逻辑结构图。图 4.13 为 TDMS 文件的物理结构图。从图 4.12 和图 4.13 中可以发现，TDMS 格式文件包括文件、通道组和通道三个逻辑结构层，并且各个层均可以添加属性信息。TDMS 文件存取速度高，实际速度可达到 372 MB/s（叶永清，2010），并且 TDMS 文件具有随机存取的特性，其存取过程更为便利。

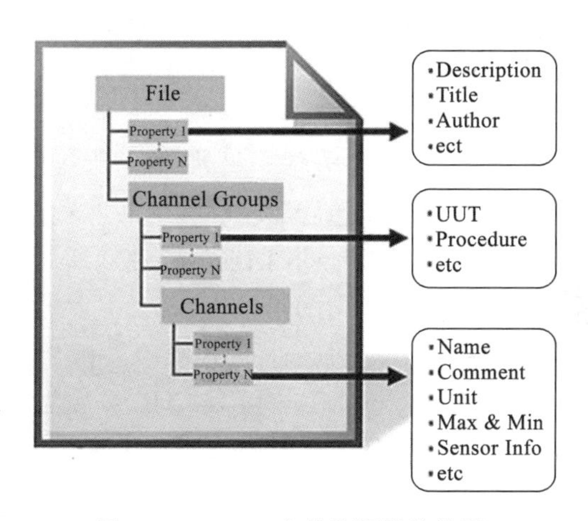

图 4.12　TDMS 文件的逻辑结构图

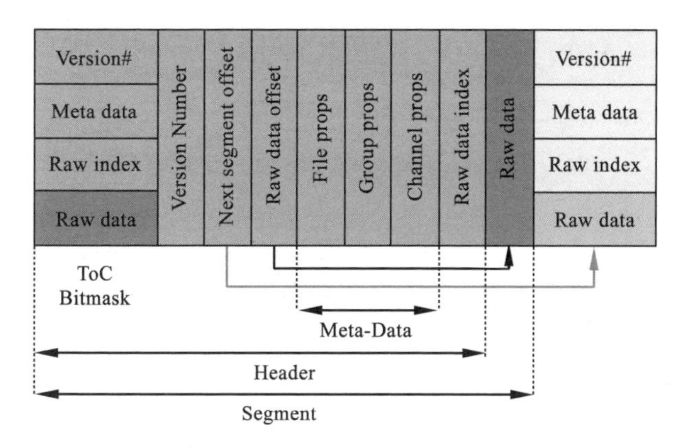

图 4.13　TDMS 文件的物理结构图

在 TDMS 内部，数据都是以 Segment 进行存储的。其中各个数据段的含义为（National Instruments，2010）：Version Number 表示 Segment 的版本；ToC Bitmask

是一个 32 位的整型数据段，它表示该 Segment 是否包含 Meta data、Raw data；Raw data offset 则表示存储数据的偏移字节；Next segment offset 表示下一个 Segment 的偏移字节；Meta-Data 为属性存储字段；Raw data 为实际存储的数据段。

TDMS 文件写完之后，会自动生成两个文件，分别为数据文件*.tdms 文件和索引文件*.tdms_index 文件，其中前者包含有真实的数据信息。

3. SSD

SSD 是用固态电子存储芯片阵列制成的硬盘，它主要由控制单元和存储单元组成。前者负责数据的读取和写入，后者主要用来存储数据。SSD 相对传统硬盘最显著优势就是速度。SSD 能够在低于 1 ms 的时间内对任意位置的存储单元完成 I/O，而 15 000 rad/s 的传统硬盘转一圈就需要 200 ms，其速度差可以达到 50～1 000 倍。另外 SSD 具有防震、无噪声、低功耗、重量轻等特性①。

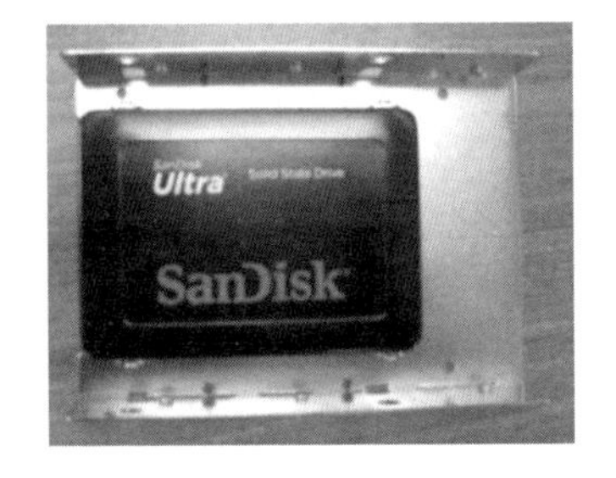

图 4.14　第三代 SSD

图 4.14 为高速双通道超宽带探地雷达系统所用的第三代 SSD。后经过软件测试，结果表明，同等条件下，传统硬盘和 SSD 的写入速度分别为 60 MB/s 和 140 MB/s，数据写入速度得到较大的提高。从这个意义上来说，数据传输和存储的时间大大缩短。

4.4　数据采集控制系统设计

若是用多个线程来协同完成探地数据采集中不同的存取任务（任务包括雷达数据读取、头文件数据读取和数据写入），多个线程在数据采集和写入过程中各自都以循环形式相互独立工作，其中雷达数据读取任务由线程 1 和线程 2 完成，头文件数据读取任务由线程 3 完成，数据写入任务由线程 4 完成。其优点是可以加快数据存取速度，大大提高数据采集系统的整体性能。但对多线程数据采集系统来说，最重要的难题则是如何实现多个相互独立线程间的信息交互和同步控制。本系统设计了三种系统控制的方法：按键控制模式、采集次数控制模式和采集时间控制模式。

① 百度百科. 固态硬盘.（2014-09-18）［2018-11-29］. http://baike.baidu.com/view/359685.htm.

4.4.1　按键控制模式

按键控制模式下同步流程图如图 4.15 所示。数据采集和写入过程包括以下步骤。

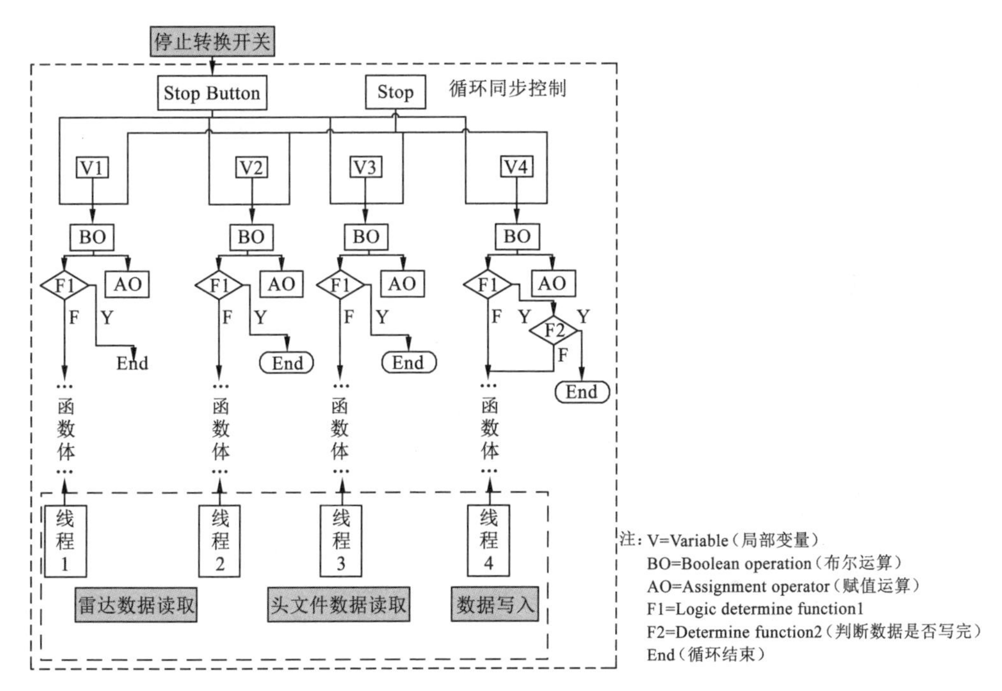

图 4.15　按键控制模式下同步流程图

步骤 1　在 LabVIEW 前面板中建立一个停止转换开关，程序框图中则出现了与该开关相对应的一个全局变量 Stop Button，如图 4.16（a）所示，用于触发控制各线程结束采集。如图 4.16 所示，设置一个全局控制变量 stop，用于各线程间结束信息的传递，并设置各个线程自身的局部控制变量，如 Acquisition error、QSB1 error、QSB2 error、Writing error。这些全局和局部变量均为布尔类型变量。

步骤 2　各线程中分别对所述三个控制变量进行布尔或运算（BOO），如果输入的三个控制变量全部为 FALSE，则输出控制信号为 F，如果输入的三个控制变量至少有一个是 TRUE，则输出控制信号为 T。

步骤 3　设置了一个判据 F1，F1 可以根据各个线程输出的控制信号控制着各自循环进程。如图 4.16 中右侧的黑色圆块即为各个线程的循环控制开关，如果控制信号为 F 则循环继续，并将该控制信号赋值（赋值运算 AO）给全局控制变量 stop，重复步骤 2；如果控制信号为 T，则将该控制信号赋值给全局控制变量 stop，

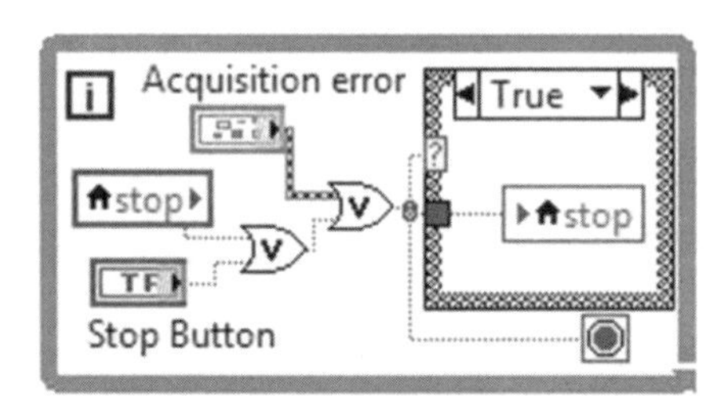

（a）线程 1 和线程 2

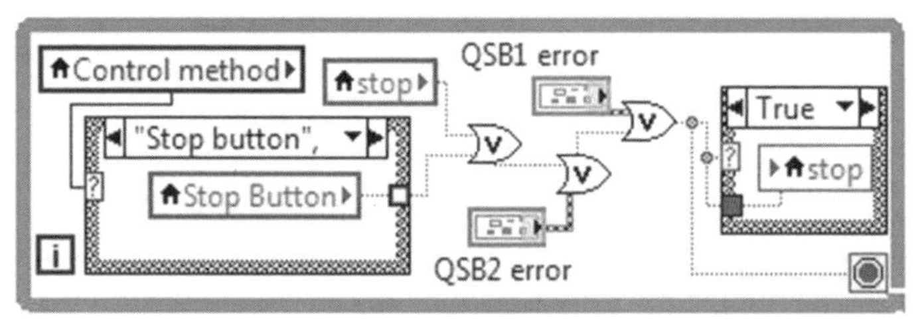

（b）线程 3

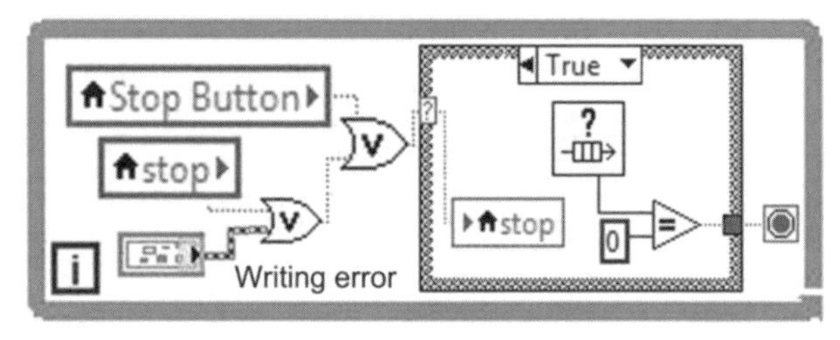

（c）线程 4

图 4.16　按键控制模式下 LabVIEW 程序框图

同时对于雷达数据读取和头文件数据读取线程循环结束（End），对数据写入线程则转至步骤 4。stop 变量的使用确保了任意一个线程结束工作，都将导致其他线程结束工作。

步骤 4　在数据写入线程 4，还设置了一个判据 F2，如图 4.16（c）中 True 标题框所示，用于判断数据写入线程中的数据是否全部被写入硬盘，当且仅当步骤 2 中的控制信号为 T 时开始执行该判据 F2，该判据输入结束为 Y 或 N，当判断 F2 输出结果为 N 时，该写入循环进程继续，重复步骤 2，当判断程序输出结果为 Y 时，该写入循环进程结束（End），从而确保采集到的所有数据都被存储起来。

4.4.2　采集次数控制模式

采集次数控制模式下的同步流程图如图 4.17 所示。数据采集和写入过程包括以下步骤。

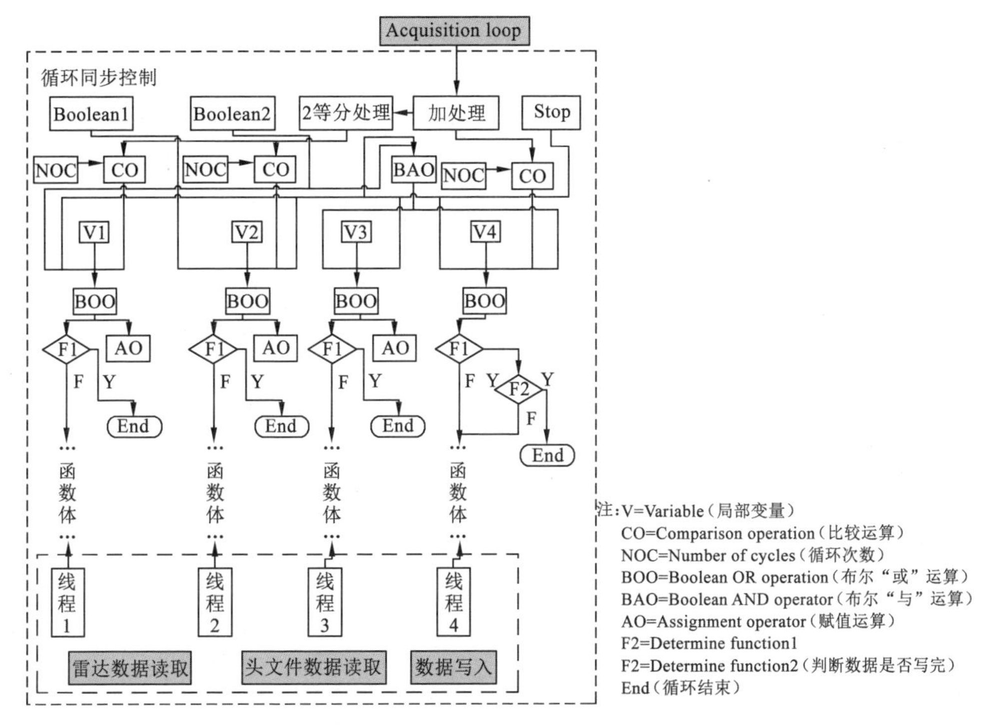

图 4.17　采集次数控制模式下同步流程图

步骤 1　设置一个整型变量 Acquisition loop，如图 4.18（a）所示，用于控制数据采集的次数；设置一个全局控制变量 stop，用于各线程间结束信息的传递；设置各个线程自身的局部控制变量：图 4.18（a）中 Acquisition error 变量、Writing error 变量，图 4.18（b）中 QSB1 error 和 QSB2 error 两个变量，该局部变量表示其所在线程中的功能函数运行正确与否；此外负责雷达数据读取任务的线程还建立了各自特殊的全局控制变量如图 4.18（a）中的 boolean1 和 boolean2，这些全局和局部变量均为布尔类型变量。

步骤 2　对整型变量 Acquisition loops 进行加处理，即对其加 0、1、2，使加处理后的值“A1”能被 4 整除，结果商为“A2”，其目的是便于实现数据采集线程的同步。将加处理后的值 A1 与数据写入线程的循环次数 NOC 进行比值运算（CO），如果 A1 小于 NOC 则输出控制信号为 F，如果 A1 大于 NOC 则输出控制信号为 T，运算结果作为数据写入线程的控制信号；同理用结果商 A2 和雷达数据读取线程的循环次数 NOC 进行比值运算（CO），其运算结果作为雷达数据读取线程的控制信号。

步骤 3　对雷达数据读取线程的全局控制变量 boolean1 和 boolean2 进行布尔与运算（BAO），如果输入的两个控制变量全部为 TRUE，则输出控制信号为 T，如果输入的两个控制变量至少有一个是 FALSE，则输出控制信号为 F，该控制变量作为头文件数据读取和数据写入线程的控制信号。

步骤 4　各线程中分别对所述四个控制信号变量：步骤 2 中运算结果或步骤 3 中运算结果、stop 和各线程自身的局部控制变量进行布尔或运算（BOO），如果输入的三个控制变量全部为 FALSE，则输出控制信号为 F，如果输入的三个控制变量至少有一个是 TRUE，则输出控制信号为 T。

步骤 5　设置了一个判据 F1，F1 可以根据各个线程输出的控制信号控制各自循环进程，如图 4.18 中右侧的黑色圆块即为各个线程的循环控制开关，如果控制信号为 F 则循环继续，并将该控制信号赋值（赋值运算 AO）给全局控制变量 stop，重复步骤 2；如果控制信号为 T，则将该控制信号赋值给全局控制变量 stop，同时对于雷达数据读取和头文件数据读取线程循环结束（End），对数据写入线程则转至步骤 6。stop 变量的使用确保了任意一个线程结束工作，都将导致其他线程结束工作。

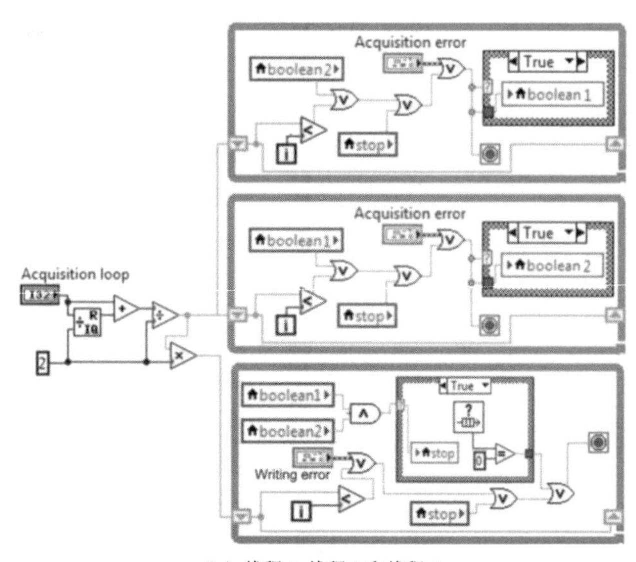

（a）线程 1、线程 2 和线程 4

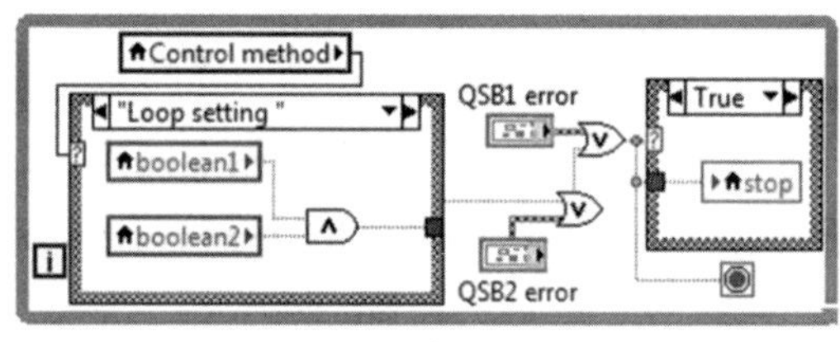

（b）线程 3

图 4.18　采集次数控制模式下 LabVIEW 程序框图

步骤 6　数据写入线程 4 还设置了一个判据 F2，如图 4.18（a）中最下面大框内的“True”标题框所示，用于判断数据写入线程中的数据是否全部被写入硬盘，当且仅当步骤 4 中的控制信号为 T 时开始执行该判据 F2，该判据输入结束为 Y 或 N。当判断 F2 输出结果为 N 时，该写入循环进程继续，重复步骤 2；当判断程序输出结果为 Y 时，该写入循环进程结束（End），从而确保采集到的所有数据都被存储起来。

4.4.3　采集时间控制模式

采集时间控制模式下同步流程图如图 4.19 所示。数据采集和写入过程包括以下步骤。

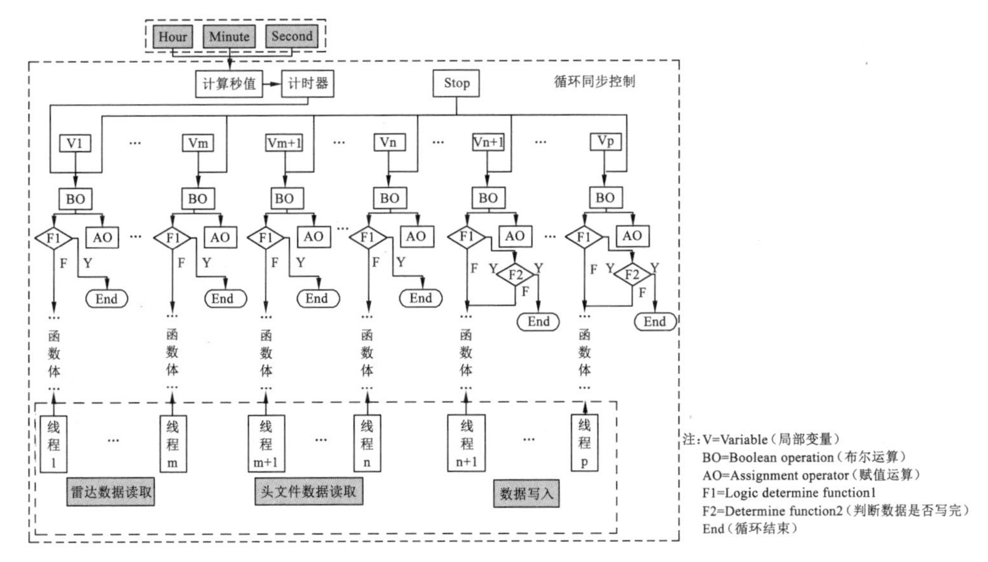

图 4.19　采集时间控制模式下同步流程图

步骤 1　设置三个时间控制变量 Hour、Minute、Second 作为预设的采集时间（时、分、秒），用于采集过程的控制；设置一个全局控制变量 stop，用于各线程间结束信息的传递；设置各个线程自身的局部控制变量，Acquisition error、QSB1 error、QSB2 error、Writing error。该局部变量是一个布尔类型变量，表示其所在线程中的功能函数运行正确与否。

步骤 2　将时间控制变量 Hour、Minute、Second 转化为以秒为单位的值 Q，其中变量 A 乘以 3 600，变量 B 乘以 60，两个结果与 C 相加可得到 Q。在雷达数据读取线程 1 中设置一个计时器，并将 Q 输入计时器。从该线程开始工作为起始点，计时器记录时间走时，并与 Q 进行对比，如果时间走时小于 Q，则输出控制信号为 F，

如果时间走时小于 Q，则输出控制信号为 T。计时器输出结果作为该线程的控制变量。

步骤 3　各线程分别对步骤 2 中结果、stop 和各线程自身的局部控制变量进行布尔或运算（BOO）。所述 BOO 规则为：如果输入的三个控制变量全部为 FALSE，则输出控制信号为 F，如果输入的三个控制变量至少有一个是 TRUE，则输出控制信号为 T。

步骤 4　设置了一个判据 F1，F1 可以根据各个线程输出的控制信号控制着各自循环进程，图 4.20 中黑色圆块即为各个线程的循环控制开关，如果控制信号为 F 则循环继续，并将该控制信号赋值（赋值运算 AO）给全局控制变量 D，重复步骤 2；如果控制信号为 T，则将该控制信号赋值给全局控制变量 D，同时对于雷达数据读取和头文件数据读取线程循环结束（End），对数据写入线程 4 则转至步骤 5。

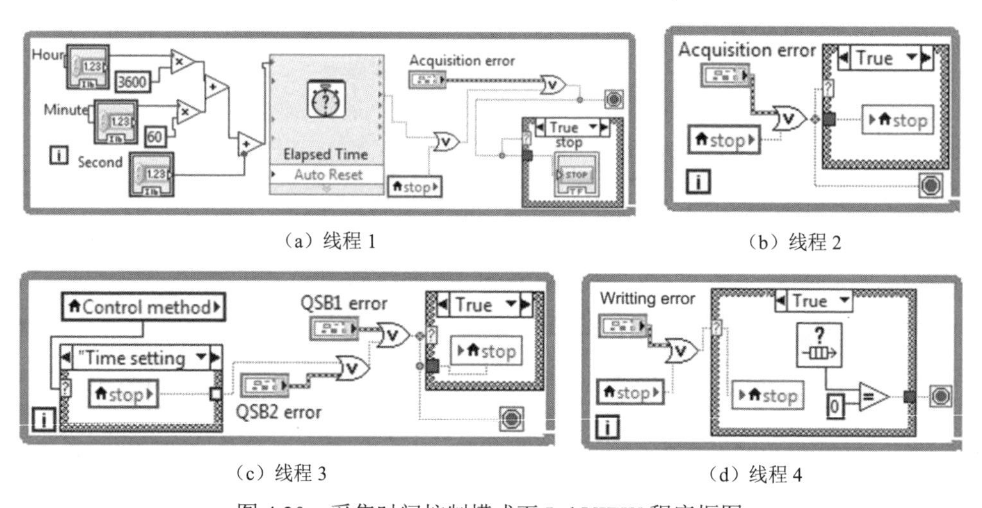

图 4.20　采集时间控制模式下 LabVIEW 程序框图

步骤 5　在数据写入线程 4，还设置了一个判据 F2，用于判断数据写入线程中的数据是否全部被写入硬盘，如图 4.20（d）中 True 标题框所示，当且仅当步骤 3 中的控制信号为 T 时开始执行 F2，该判据输入结束为 Y 或 N，当判断 F2 输出结果为 N 时，该写入循环进程继续，重复步骤 2，当判断程序输出结果为 Y 时，该写入循环进程结束（End），从而确保采集到的所有数据都被存储。

4.5　数据采集子系统的程序开发

ADC 硬件安装完成之后，还需要安装相应的开发软件，通过一系列的编程开发来实现对 ADC 的交互控制，其中包括仪器初始化、仪器校正、参数设置、多进程并行控制、数据采集及数据存储等。本数据采集子系统在开始阶段主要是在 MATLAB 环境对交互控制系统进行编程开发，并进行数据的采集实验。因后期导入测量轮编码器及通道等信息数据而涉及的接口过多，增加了程序的复杂性，再加上 MATLAB 在处理多进程并行处理中固有的缺陷，所以又改用 LabVIEW 环境进行开发设计。

4.5.1 MATLAB 环境

MATLAB 即矩阵实验室（Matrix Laboratory）是一款由美国 mathworks 公司开发设计的商业数学软件，主要用于数值计算、数据分析、数据可视化以及算法开发的计算语言和交互式环境。它可以将数值分析、矩阵计算、科学数据可视化以及非线性动态系统的建模和仿真等诸多运算功能集成在一个易于管理的视窗运算环境中，为现实的科学研究、工程设计以及实现有效数值计算等众多科学领域提供了一种全方位的解决方案和实验平台。MATLAB 在很大程度上摆脱了 C、C++等计算机语言的编辑模式，代表了当今国际科学计算软件的先进水平。

理论上，MATLAB 以矩阵作为基本的数据单位，其解算问题的方式要比传统非交互式程序设计语言（如 C、C++）更加简捷，并对 C，FORTRAN，C++，JAVA 等实现兼容。

MATLAB 系统由 M.语言、M.开发环境、M.数学函数库、M.图形处理系统和 M.应用程序接口五大部分构成。其应用程序接口函数库能与 C、Fortran 等其他高级编程语言进行交互。

在对 ADC 的交互控制开发之前，首先要明确完成一次 ADC 的采集所需要的几个步骤。

（1）设备的搜索及其编号 ID 的获取。

（2）ADC 初始化。

（3）ADC 校正。

（4）ADC 参数设置，包括采样率和延迟设置、采样模式设置、采样时窗设置、循环缓冲区单元个数设置、段数设置、信号带宽及幅度范围设置、触发源及触发水平设置等。

（5）雷达数据保存文件及保存路径设置。

（6）ADC 数据采集及数据读取。

（7）多线程并行控制机制的实现及各个线程之间数据的传输与共享。

（8）数据采集结束后 ADC 的关闭。

因 ADC 交互控制系统开发初期是在 MATLAB 环境中进行，当时并不涉及测量轮编码器和通道信息数据的读取与存储，只用到 MATLAB 的并行处理功能。如

图 4.21 为多线程同步设置图，其中线程 1 的任务只是读取数据，线程 2、3、4 则用来写入数据。如此设计的目的一方面是验证三个独立并行处理线程写入数据能否解决数据传输与存储的瓶颈问题（后来结果证明此举并不能真正的解决该问题），另一方面是验证 MATLAB 的并行处理能力。根据设计目的，MATLAB 程序开发流程图如图 4.22 所示。

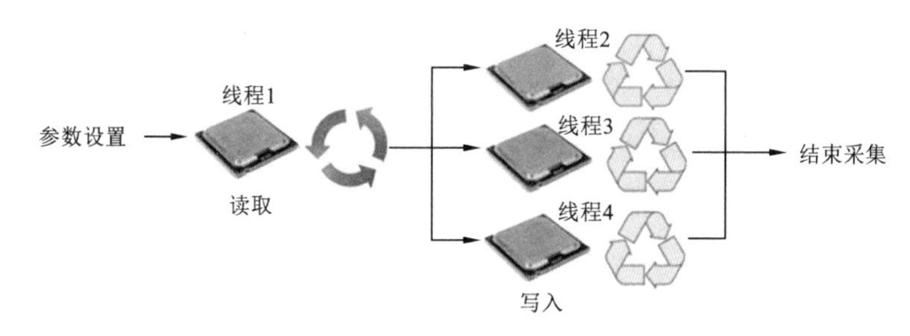

图 4.21 MATLAB 环境下多线程同步设置

根据图 4.22 的流程图，在 MATLAB 环境中进行雷达数据采集系统的开发，通过不同的参数设置，在后期的数据测试中发现，导致传输存储速度慢的原因主要有两个：一个是从 ADC 内存中读取数据速度慢，而如果设置两个进程用来完成读操作，则涉及对临界区域的访问问题，MATLAB 多进程并行模式下两个互斥进程对临界区域的访问没有成熟的函数可以调用，开发难度大且易出错；另一个是受 MATLAB 机理的限制，两个进程之间不能直接进行数据的通信和共享，而是要通过数据传递和复制，直接导致了线程 1 在给另外三个进程的数据传递中损耗了大量的时间。

4.5.2 LabVIEW 环境

LabVIEW 是由美国国家仪器公司研制开发的一个程序开发环境。与常用的基于文本语言产生源程序代码不同，它使用图形化编程语言 G 在流程图中创建源程序[①]（都亮 等，2004），由其开发的应用程序扩展后缀都是.vi，它可以被另外的程序调用。

单个 VI 由程序前面板、框图程序、连接端口组成。其中，前面板用于参数数值的设置，并且其图形化界面便于用户观察输出量。与前面板相对应的是框图程序，该框图程序在开发过程中由节点（node）和数据连线（wire）链接构成。LabVIEW 有很多自身优势，主要有以下几个方面：LabVIEW 的函数库包括 GPIB、数据采集和分析、数据存储等模块，集成了 VXI、RS-232、GPIB 和 RS-485 协议的硬件的所

---

① 百度百科.（2014-10-08）[2018-11-29]. LabVIEW. http://baike.baidu.com/view/230451.htm.

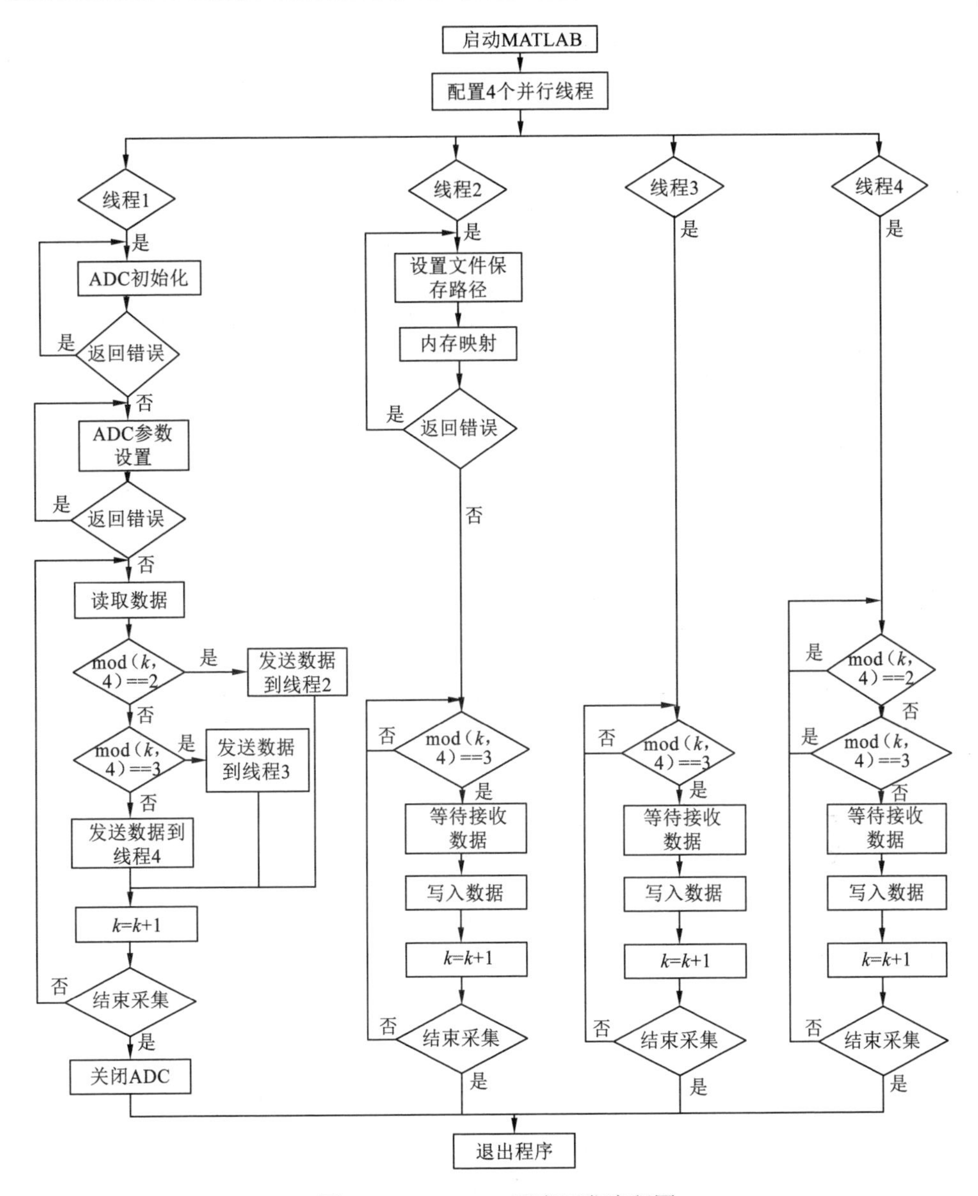

图 4.22　MATLAB 程序开发流程图

有功能；同时也方便程序的调试；数据流编程方式使执行顺序更加清晰易懂；很多控件提供了与传统仪器类似的界面，便于控制。

因此，在上述分析的基础上，本书在 LabVIEW 环境进行了 ADC 交互控制系统的开发，根据改进后的需求，LabVIEW 程序开发流程图如图 4.23 所示。

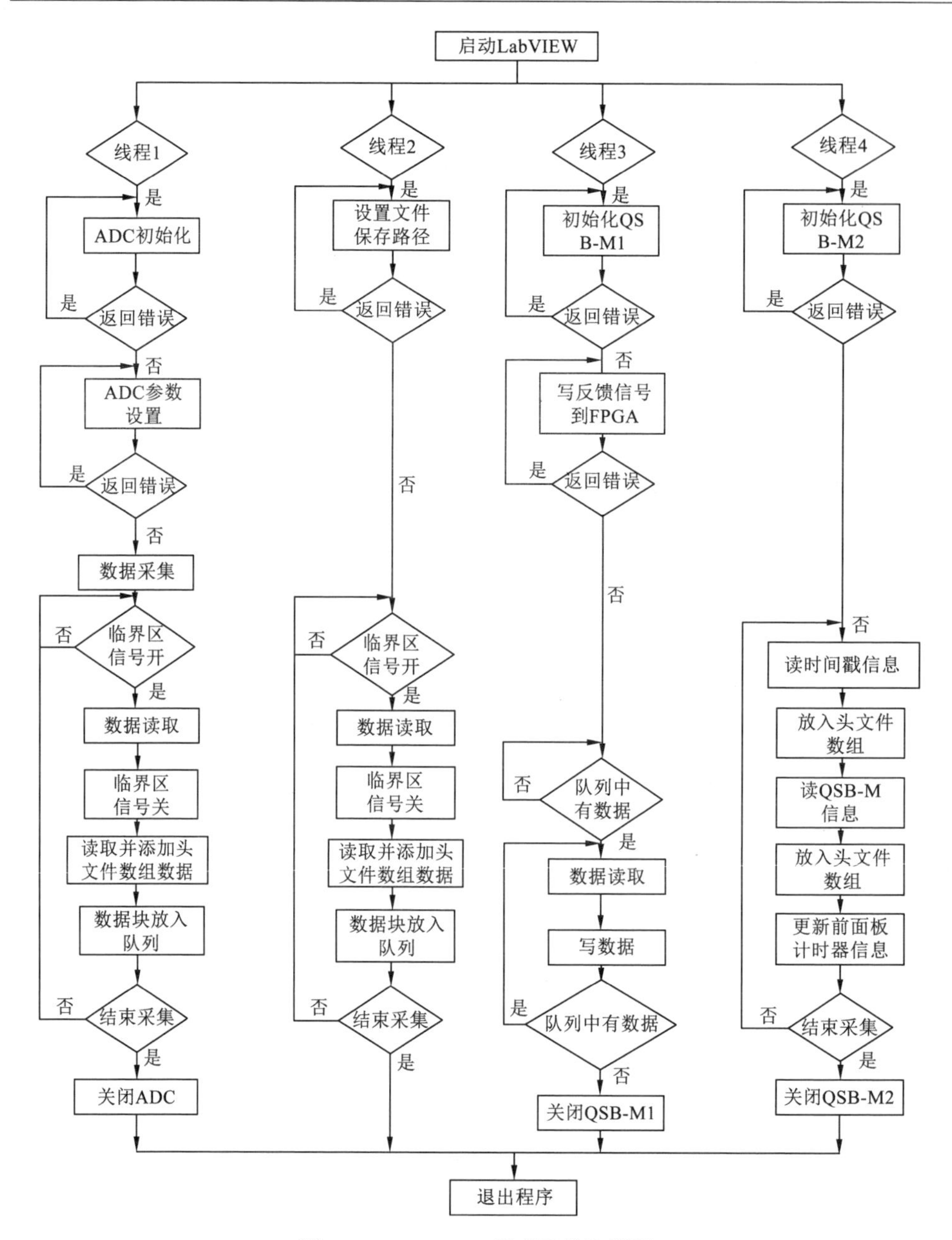

图 4.23　LabVIEW 程序开发流程图

根据图 4.23 的流程图，在 LabVIEW 环境中进行雷达数据采集系统的开发。图 4.24 为高速双通道超宽带探地雷达数据采集系统的控制面板图，通过该面板，用户可以完成各项采集参数的设置。

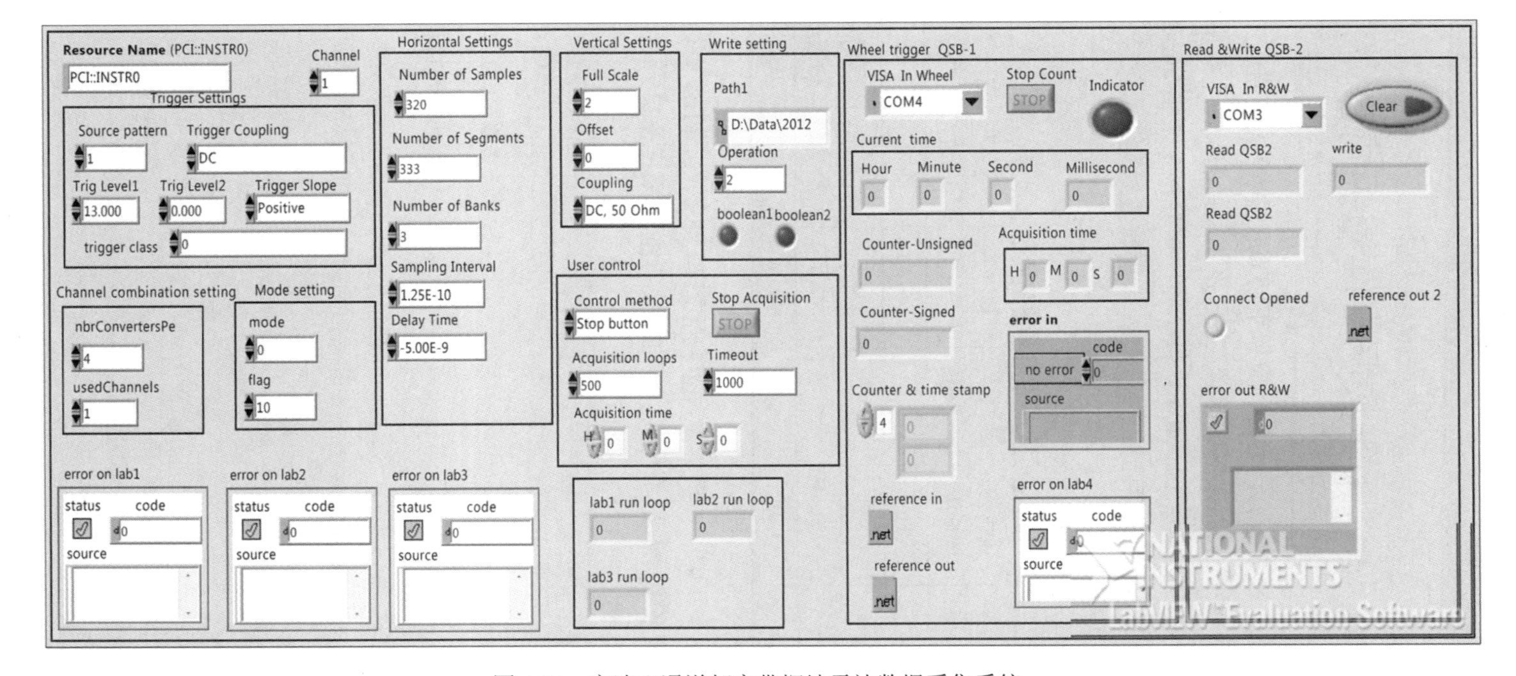

图 4.24　高速双通道超宽带探地雷达数据采集系统

4.6 采集数据文件量级估算

超宽带高速双通道探地雷达设计有以下特点：①两个天线通道工作，即两个通道数据要同时获取；②天线发射频率较高，导致要采集的脉冲个数增多；③实时采样的采样方式，采样窗口为 10～40 ns，每个脉冲信号将要采集 80～320 个采样点数据；④数据以 10 bit 格式存储转换并读取，采集的数据量是非常巨大的，达到 GB 级，详细参数见表 4.3。

表 4.3 数据量级估算

时窗/ns	脉冲重复频率/kHz	采样数/单脉冲	内存记忆单元个数	数据格式/bit	头文件数据位数	每秒数据量/MB	每小时数据量/GB
10	40	80	3	10&16	97	3.82	13.42
	100	80	3	10&16	97	9.54	33.54
40	40	320	3	10&16	97	15.26	53.65
	100	320	3	10&16	97	38.15	134.12

从表 4.3 中可以看出，随着脉冲重复频率在 40～100 kHz 变化，采样窗口为 10 ns 时，每小时采集的数据量是 13.42～33.54 GB，而采样窗口为 10 ns 时，每小时采集的数据量是 53.65～134.12 GB。

第5章　信号发射与采集系统的控制与设计

本章分析超宽带雷达天线的种类及其发展历程，详细介绍喇叭天线、Vivaldi天线及蝶形天线的特性，并在分析现有的 6 对超宽带雷达天线的回波损耗特性（S_{11}）和电压驻波比（VSWR）两个参数的基础上，优选出适用于高速双通道探地雷达系统的超宽带雷达天线；在深入分析雷达系统时钟和信号的时序基础上，利用FPGA 的时钟信号的频率可以从 1～10 MHz 变化的特性，通过编程操作实现探地雷达系统的关键部件和系统的同步控制；采用空气耦合式超宽带天线的双通道结构设计，最终实现探地雷达系统的室内整合。

5.1　雷达天线的设计类别

天线作为探地雷达系统中关键的组成部分，对整个系统的性能具有非常重要的影响。探地雷达系统所采用超宽带窄脉冲信号要求天线需要具有良好的辐射特性、宽带特性及优越的时域特性。探地雷达主要探测对象是有耗的、非均匀介质的分布规律，因而探地雷达系统天线的设计和应用有其特殊性。另外探地雷达采用具有宽带频谱的窄脉冲信号，所以它的天线又跟工作在频域的雷达天线有所不同。判断一个超宽带天线是否具有价值，最终取决于它能否成功地与超宽带设备集成在一起。传统的天线设计中，可以将天线作为一个任意的阻抗，通过设计相应的匹配网络将其与射频前端或者系统连接在一起，然后，要实现超宽频带内的匹配，并不是容易的事情。

5.1.1　超宽带天线定义与分类

在天线发展历史上，赫兹打下的基础，引出了洛奇的双锥天线、“蝴蝶结”天线及 Bose 的喇叭天线。马可尼将赫兹、洛奇等的思想付诸实践并实现了第一套商用无线电系统，这些系统的设计思想是窄带的，但实现起来却是宽带的。随着无线电技术的发展，窄带系统的实现变得容易，为了实现这些系统，易于制作的窄带特性细线单极子天线和环状天线更受到重视，早期发明的超宽带天线反而被人们淡忘了。随着无线电系统向更高的频率演进，结构复杂的、1/4 波长的各种天线变得更加实用化，同时，系统带宽的增加，例如电视系统的带宽要求，又迫切要求设计宽带天线。伴随着无线电技术的进一步发展，科学家发明了渐变馈电结构来增加天线的阻抗匹配带宽，通过采用较粗而“胖”或者球状结构来改善宽带辐射特性，从而研制出新一代的超宽带天线。近十年来，在原有的实心立体结构超宽带天线基础上，又衍生出平面结构的设计，这种设计使得天线更便于制作和采用成本低廉的印刷电路板来实现，渐变微带线馈电和卷曲边缘结构也属于这段时期的研究进展成果（Schantz，2005）。

理论上，天线可以被视为是传感器和辐射器，其性能主要包括增益、方向图、极化方式、带宽、色散、匹配等。大带宽天线就是超宽带天线，源于美国国防部 1990 年的报告中指出超宽带天线是分数带宽≥25%的天线，而美国联邦通信委员会提出超宽带天线是带宽大于 20%的天线，或者工作带宽超过 500 MHz 的天线。

$$\mathrm{bw}=\frac{2(f_{\mathrm{h}}-f_{\mathrm{l}})}{f_{\mathrm{h}}+f_{\mathrm{l}}}\geqslant\left\{\begin{matrix}0.25, & \text{美国国防部先进研究署}\\ 0.2, & \text{美国联邦通信委员会}\end{matrix}\right\} \tag{5-1}$$

式中：bw 为相对宽度；f_{h} 和 f_{l} 分别代表天线的上限和下限工作频率，指辐射功率低于峰值电平 10 dB 所对应的频率。

探地雷达的天线要求有如下的特点和功能。

（1）探地雷达的发射天线应最大程度地向外发射电磁波，即天线需要拥有非常高的效率；同时，还要求天线在工作频带内阻抗一致，实现良好的匹配。另外，如果是接收天线还需有较高的灵敏度。

（2）探地雷达天线具有良好的方向性。

（3）探地雷达天线要具有足够的带宽。

（4）探地雷达天线应具有较强的抗干扰能力，以满足探地雷达系统在城市等环境的应用。

（5）在工作频带内的探地雷达天线的相位中心一致，幅频响应一致，相频响应线性（孟凡菊，2010）。

从天线的应用场合出发，至少有三类超宽带天线。第一类天线属于“直流到阳光”类型，这类天线被设计成具有很大的带宽，通常用于探地雷达、场的测量、电磁兼容（EMC）、电磁武器、脉冲雷达和隐蔽通信系统等，这类天线的设计目标，通常地说就是“覆盖尽可能多的频段”；第二类属于“多窄带”类型，这些天线一般设计成扫描天线或智能天线，用于接收和检测某段宽频带内存在的相对窄带信号，这类天线的设计目标同样是为了捕捉尽可能多的频谱，只是在任意给定的时间内，它只能使用其中的某一小段频谱；第三类为“现代超宽带天线”，该类天线按照 3:1 带宽、3.1～10.6 GHz 频段予以设计应用。与第一类相比，这类天线的带宽要窄得多。

现代超宽带天线不需要覆盖尽可能宽的频带，它只要覆盖某种特定的频带即可，从这点上说，多余的带宽会恶化系统的性能，反而是无效的带宽。跟多窄带天线不同的是，在同一时间内，超宽带天线使用的哪怕不是全部的工作带宽，也是绝大部分的带宽。因此现代超宽带天线必须具有足够好的特性，能与工作带宽配合起来，其特性指标包括方向图、增益、匹配、无色散或低色散。

根据功能和形态，超宽带天线主要可归为以下四大类：

（1）频率无关天线，主要包括螺旋天线、圆锥等角螺旋天线和对数周期天线等。此类天线的几何结构主要呈“小尺度–大尺度部分”的变化形式（大尺度部分控制低频工作特性，小尺度部分控制高频工作特性），并且该种天线容易产生色散。

（2）小单元天线，包括斯托尔的球状和椭球天线、洛奇的双锥与蝶形天线等。此类天线体积小，并且可实现全向辐射，因而非常适合商用设备使用。

（3）喇叭天线，包括 Bose 原创的喇叭天线、Brillouin 的同轴渐变喇叭天线。此类天线类似于“电磁漏斗”，具有较高的增益和较窄的波束，可以使能量集中在某一方向上。但是它的体积比较大而显得笨重。

（4）反射器天线，如赫兹的抛物面反射器天线。与喇叭天线类似，反射器天线具有较高的增益和较大的体积，具有良好的方向特性。

总结各种类型的超宽带天线，只有几种类型的天线可以满足探地雷达的需要，如喇叭天线、电阻加载的蝶形天线及 Vivaldi 天线等（吴秉横 等，2009）。

5.1.2　喇叭天线

在信号发射与采集系统的开发过程中，一共有三对超宽带喇叭天线可供雷达系统的测试使用，如图 5.1 所示。其中有两对是自制的喇叭天线，具有良好的阻抗匹配，另一对则是商用的脊喇叭天线。超宽带喇叭天线可以看作一个有两个不同宽度的被绝缘体隔开的金属导体组成的波导管，它具有良好的阻抗匹配以尽量减少内部反射，还可以提供一个从阻抗 50 Ω 到阻抗 377 Ω 自由空间的平稳过渡，使电路的功率达到最大值。

喇叭天线的阻抗可以通过改变金属板的宽度（α 角）和两个金属板的夹角（β 角）来控制（图 5.2），其中边缘向外翻的设计可以减少天线边缘的衍射。紧贴着天线导体周围覆盖着能量吸收材料，以减少能量消耗和改善信号的方向性。

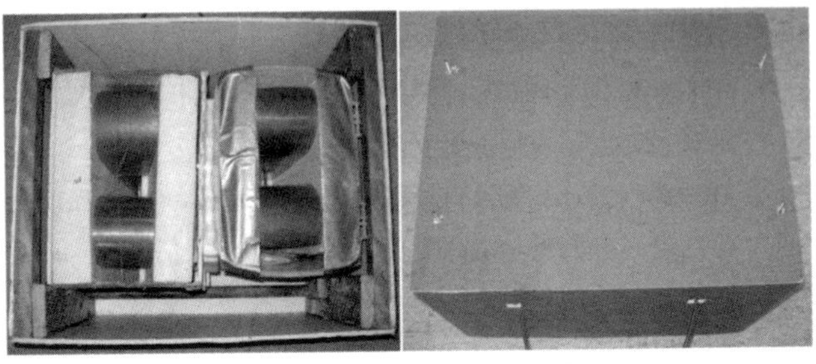

（a）自制不带泡沫天线

（b）自制带泡沫天线

（c）商用天线

图 5.1　喇叭天线

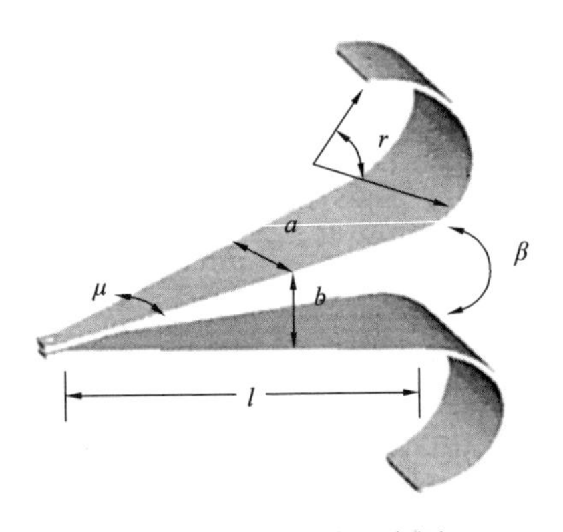

图 5.2　喇叭天线示意图

自制的两对喇叭天线其参数为：$\mu=13°$，$\beta=6°$，$r=150°$，$a=60$ mm，$b=60$ mm，$l=180$ mm，且为单一极化方式。经验证对于在 500 MHz～16 GHz 频率的信号具有良好的阻抗和较好的信号穿透能力。

5.1.3　Vivaldi 天线

20 世纪 50 年代，维克多拉姆塞指出宽带天线设计中的一大核心原则：只要天线的形状仅仅是角度的函数，那么它的阻抗与方向图特性都与频率无关，也就是著名的“等角原理”(Rumcy, 1958)。满足这种条件的频率无关天线的带宽，仅仅受其外形尺寸的比例影响。在这些频率无关的天线中，尺寸较小的部分辐射的是高频分量，尺寸较大的部分辐射的是低频分量。因此，这些天线的“原点”即“相位中心”是随着频率强烈变化的。这些天线对信号有强烈的色散倾向。

Vivaldi 天线作为一种槽线超宽带天线由较窄的槽线与较宽的槽线联合构成，槽线呈指数规律变化，形成喇叭口向外辐射或向内接收的电磁波。Vivaldi 天线的不同部分收发不同频率的电磁波，而各个辐射部分相对应的不同频率信号的波长的电长度是不变的。理论上，槽线超宽带天线的带频较宽，可以做成随频率变化的恒定增益天线。此外，Vivaldi 天线具有良好的时域特性，时域接收波形具有非色散特性，具有广阔的发展潜力。

雷达系统的测试过程中，还有两对 Vivaldi 天线可供使用，如下图 5.3 所示，一种为早期的 Vivaldi 天线，长度较长，另一种为新式 Vivaldi 天线，长度减小，但是天线两个金属片开口外翻角度变大。

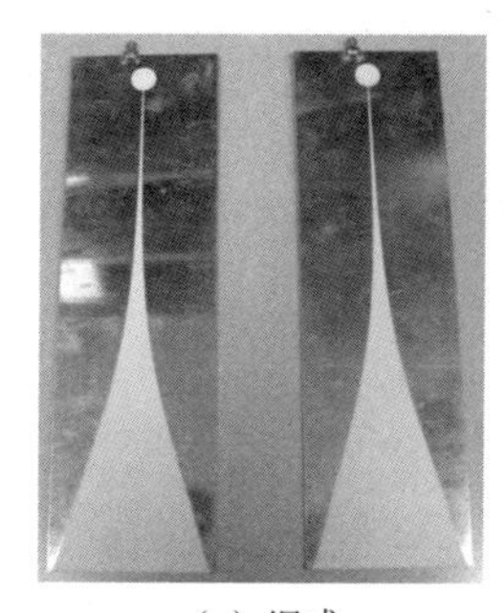

(a) 旧式

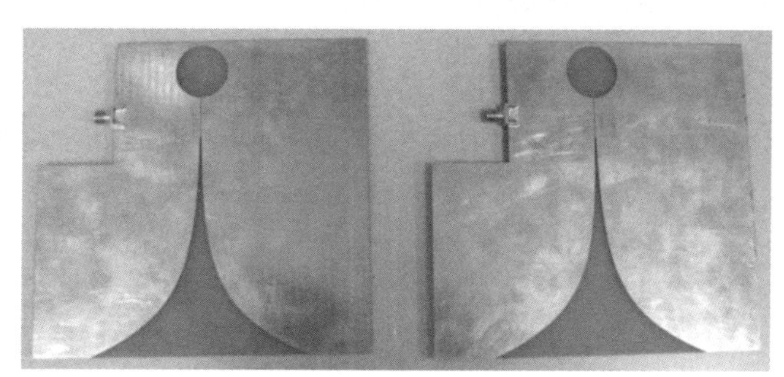

(b) 新式

图 5.3　Vivaldi 天线

5.1.4　蝶形天线

蝶形天线(又称 bowtie 天线)具有重量轻、易安装等优点，它是一种平面结构的天线，振子两臂可以是等腰三角形或者扇形。目前通过电阻加载蝶形天线，可以有效地消除天线末端的二次反射。蝶形天线唯一不足是其效率偏低。

为吸收天线上反射振荡信号，可以通过电阻加载法对蝶形天线进行加载，但这种方法会导致天线辐射效率的下降。天线和馈线的匹配不良便会导致辐射效率迅速降低。为提高天线的效率，天线的实际加载常采用分布加载的方式(吴建斌 等，2009)。

扇形偶极子蝶形天线如图 5.4 所示。该天线是专门为高速双通道探地雷达系统设计，其具体参数如下：天线片厚度为 2 mm，单臂长度为 39 cm，展开角 π/3。

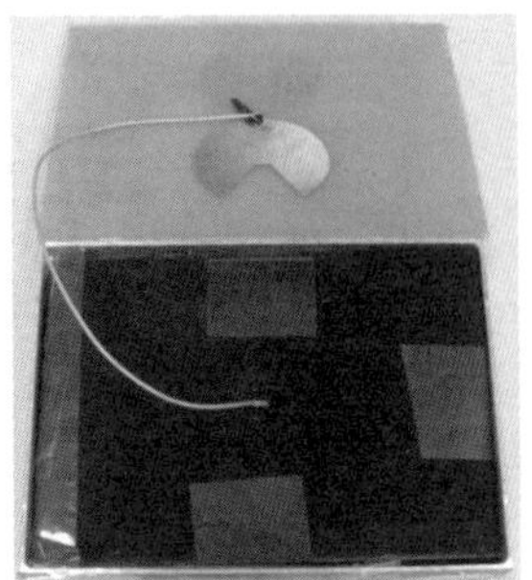

图 5.4 蝶形天线

5.2 微波电路参数分析

5.2.1 S_{11} 参数的对比分析

1. S 参数

能量和信号是微波系统主要研究的两大问题：能量问题主要是研究能量如何有效地传输；信号问题主要是研究幅频和相频特性。微波系统所采用的场分析法过于复杂，因此需要一种简化的分析方法。微波网络法是一种等效电路法，已经被广泛运用于微波系统的分析。

对于网络，可用来测量和分析导纳参数 Y、阻抗参数 Z 和散射参数 S。Z 和 Y 参数主要用于集总电路。但是在处理高频网络时，S 参数矩阵更适合于分布参数电路。S 参数适于微波电路分析，它是建立在入射波和反射波关系基础上的网络参数，并且电路网络可以用端口的反射信号，以及从该端口传向另一端口的信号来描述。散射参数 S 可以直接用网络分析仪测量得到，通过散射参数可将其变换成其他矩阵参数①。

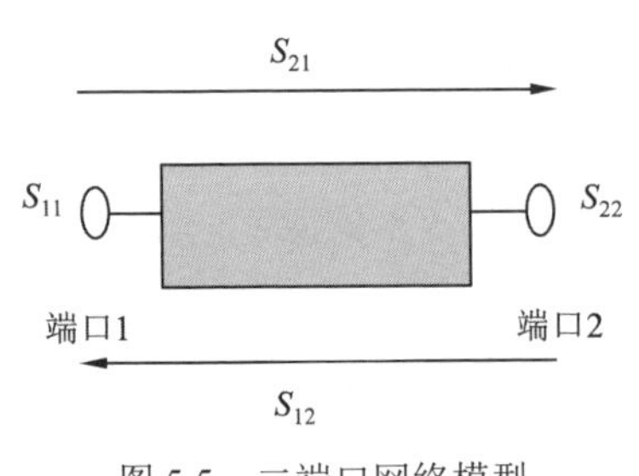

图 5.5 二端口网络模型

单根传输线与二端口网络类似（图 5.5）：端口 1 接输入信号，端口 2 接输出信号。两个端口网络共有 4 个 S 参数，S_{ij} 表示能量从 j 口注入的同时在 i 口测得的能量。例如，S_{11} 表示端口 2 匹配时，端口 1 的反射系数；S_{22} 表示端口 1 匹配时，端口 2 的反射系数；S_{12}

① 百度百科. S 参数.（2015-01-15）[2018-11-29]. http://baike.baidu.com/view/888657.htm.

表示端口 1 匹配时，端口 2 到端口 1 的反向传输系数；S_{21} 表示端口 2 匹配时，端口 1 到端口 2 的正向传输系数。

S_{11} 表示回波损耗，即有多少能量被反射回源端。S_{11} 可定义为从端口 1 反射的能量与输入能量比值的平方根，也经常被简化为等效反射电压和等效入射电压的比值，一般 S_{11} 以 dB 值表示，通过网络分析仪来看其损耗的 dB 值和阻抗特性，其值越大，表示天线本身反射回来的能量越大，天线的效率就越差。一般来说，设计天线需遵循“S_{11} 应小于−10 dB”的要求。

2．S_{11} 参数测量及分析

对 6 对天线的 S_{11} 值用网络分析仪（型号：8753D-Agilent /HP Network Analyzers）进行测量，结果如图 5.6 所示。

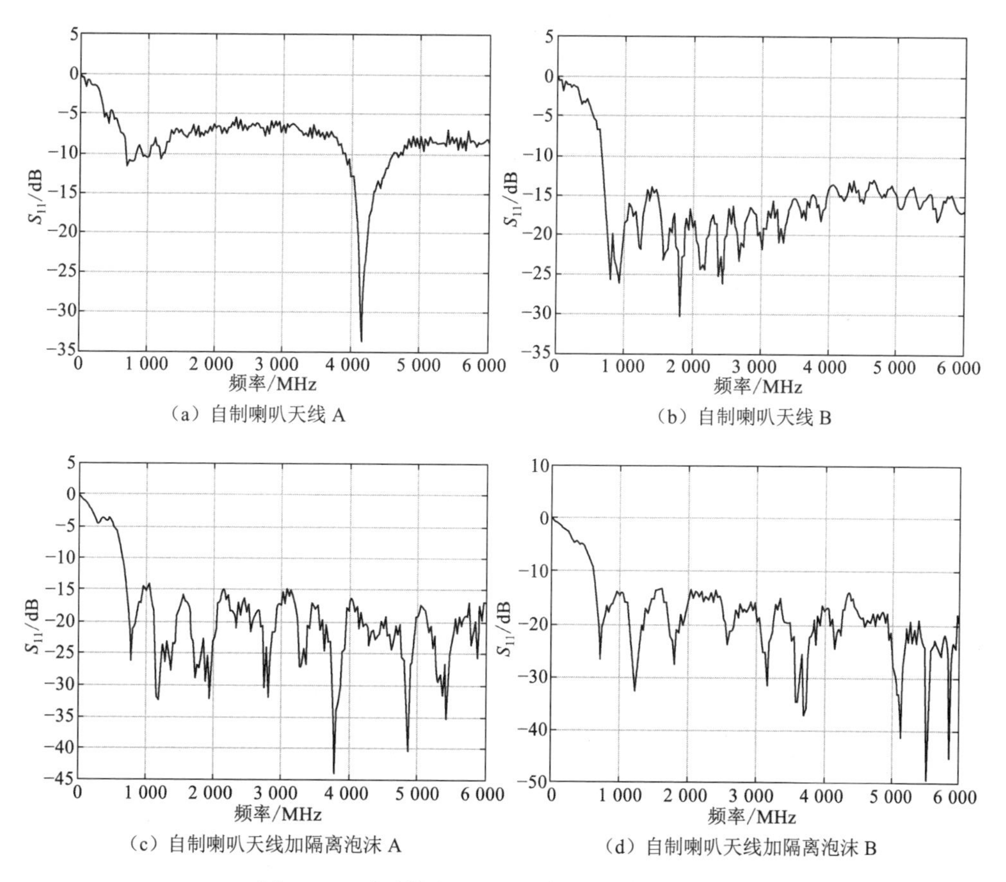

（a）自制喇叭天线 A　（b）自制喇叭天线 B

（c）自制喇叭天线加隔离泡沫 A　（d）自制喇叭天线加隔离泡沫 B

图 5.6　6 对天线在 30 MHz～6 GHz 的回波损耗

含自制喇叭天线加隔离泡沫 A、B

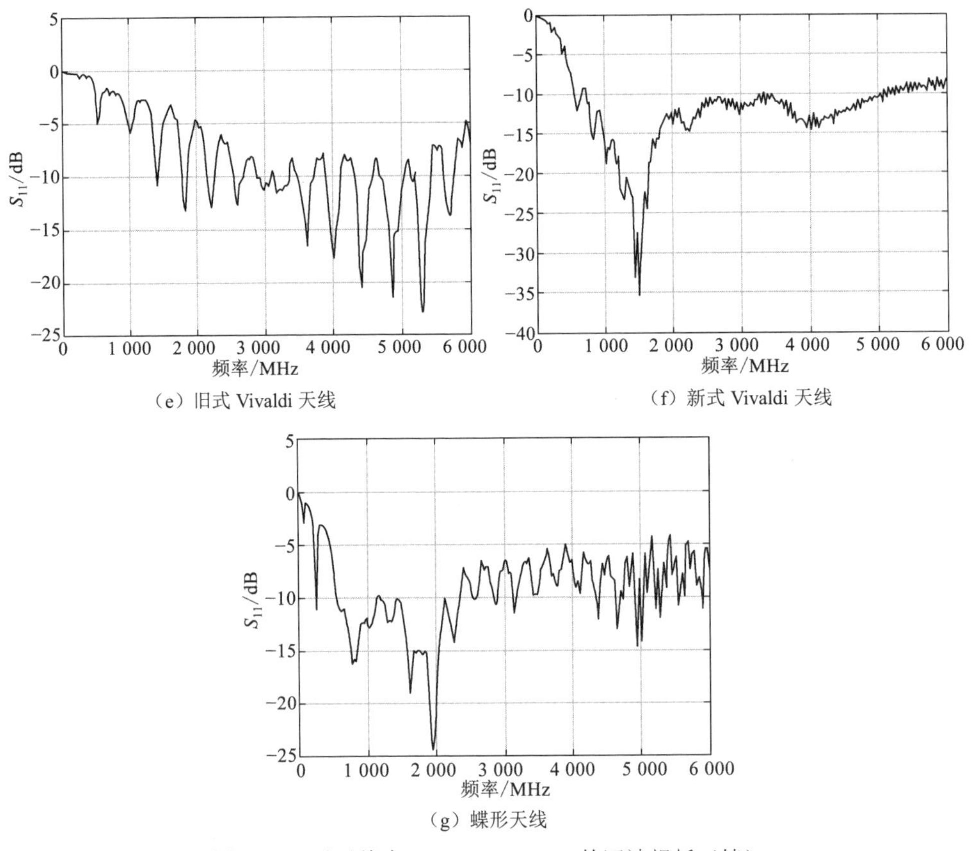

（e）旧式 Vivaldi 天线　　（f）新式 Vivaldi 天线

（g）蝶形天线

图 5.6　6 对天线在 30 MHz～6 GHz 的回波损耗（续）

含自制喇叭天线加隔离泡沫 A、B

5.2.2　VSWR 参数的对比分析

1. VSWR 参数

VSWR 简称驻波比，用来表示天线和馈线是否匹配。如果入射波和反射波相位相同，则形成波腹，有最大电压振幅 V_{max}；如果入射波和反射波相位相反，则形成波节，有最小电压振幅 V_{min}，其他各点的振幅值则介于波腹与波节之间。驻波比是一个数值，定义为驻波波腹处的电压幅值 V_{max} 与波节处的电压 V_{min} 幅值之比：

$$\mathrm{VSWR}=\frac{R}{r}=\frac{1+K}{1-K} \tag{5-2}$$

式中：R 和 r 分别为输出阻抗和输入阻抗，反射系数 $K=(R-r)/(R+r)$。K 为正值或负值时表明相位相同或者相反。反射系数 K 等于 0 表明达到完全匹配，驻波比为 1，此时天线的电磁波没有任何反射，全部发射出去。其实这仅仅是一种理想的状态，因反射总是存在，所以驻波比总是大于 1 的。这里要纠正一个误区，就是当给出一个 VSWR 的曲线，只要 VSWR 等于 1，就误以为是好天线，这只说明电磁波能量可以有效地传输到天线系统，并不表示该天线能把能量真正有效地辐射到空间。

2. VSWR 参数测量及分析

本书中，对 6 对天线的 VSWR 值用同一网络分析仪进行测量，结果如图 5.7 所示。

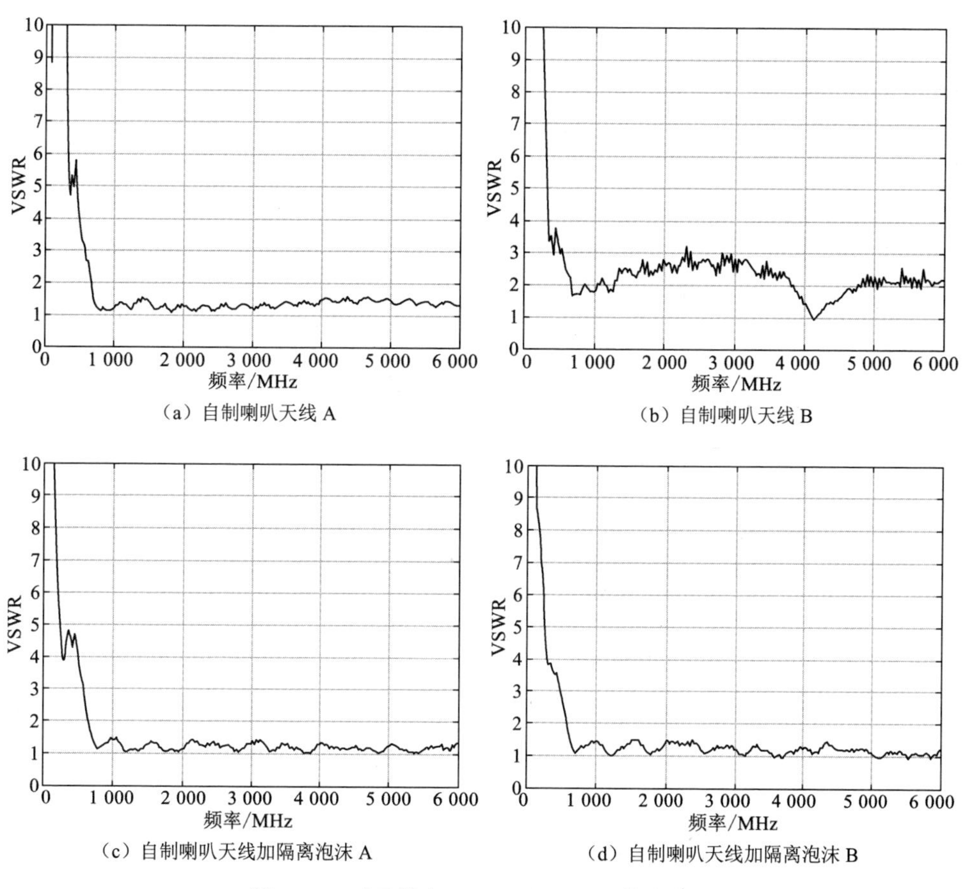

图 5.7　6 对天线在 30 MHz～6 GHz 的驻波比

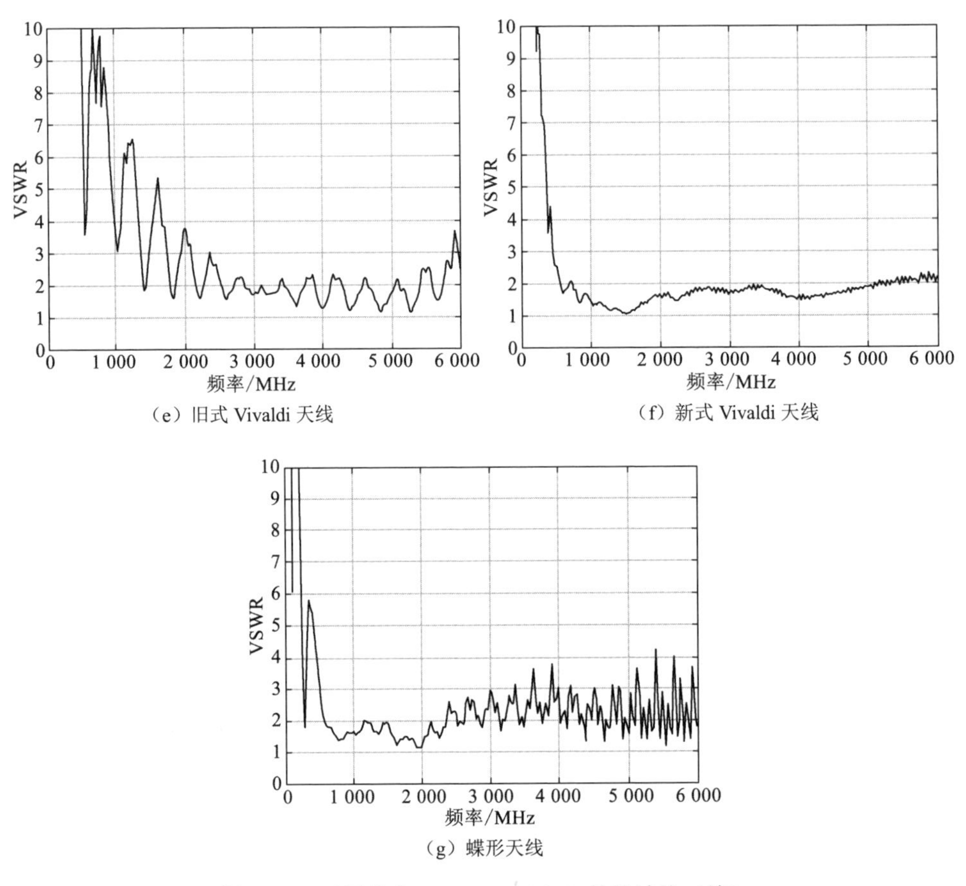

（e）旧式 Vivaldi 天线

（f）新式 Vivaldi 天线

（g）蝶形天线

图 5.7　6 对天线在 30 MHz～6 GHz 的驻波比（续）

5.3　FPGA 系统同步控制设计

5.3.1　雷达系统信号时序分析

高速双通道探地雷达系统的关键部件，包括双通道多重可变 PRF 的微波前端、高速数字化仪和用于数据存储的高速计算机。所有这些部件和系统的同步通过一个数字控制模块来实现，即 Xilinx 公司的 Spartan3E FPGA，如图 5.8 所示。FPGA 主时钟的频率为 50 MHz，FPGA 内部的时钟分频器，可以根据外部输入变量的不同产生 1 kHz～10 MHz 的可调频率时钟信号。

高速双通道探地雷达系统的时钟和控制信号的时序图如图 5.9 所示。PRF 为预先输入的频率变量，其经过可调时钟分频器的输出即被用作探地雷达系统脉冲发生器的同步时钟，每个通道（channel one 和 channel two）的工作频率为所选择的频率的一半。另外，FPGA 产生的大小为 2 bit 的 Br1 和 Br2 信号，用来同步控制一个宽带射频开关，两个通道的信号被合并在一个通道并作为数据源被传送到 ADC 中。Br1 和 Br2 是由两个通道始终同步控制产生，并进行了从发射器到接收器节点间的延迟补偿。ADC Feedback 是 ADC 的反馈信号，每一个成功的采集触发事件之后 ADC 产生一个反馈信号，它与合并通道信号的时钟相同步，通道标签正是 FPGA 基于这种反馈产生的。图 5.9 中标有虚线圆框的部分是将要被采集和存储的头文件信息数据。

图 5.8　FPGA

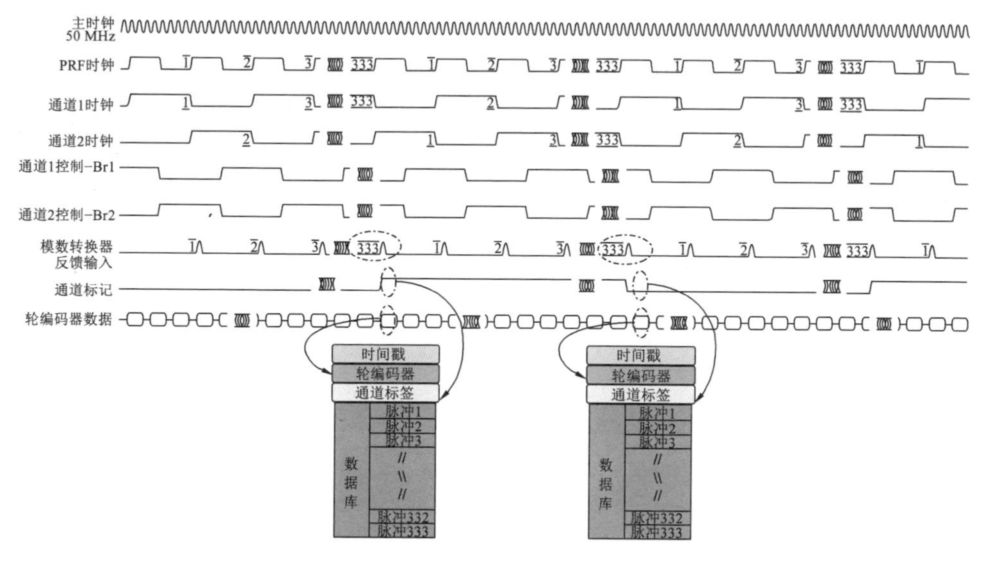

图 5.9　系统时钟和信号的时序图

5.3.2　双通道同步设计

可调时钟分频器的输出被用作探地雷达系统脉冲发生器的同步时钟，生成的信号被雷达天线发射出去。雷达反射信号在进入各自通道之前先经过一个低噪声放大器，然后合并在一起传送给数字化仪。这个合并过程是通道使用一个宽带射频开关（型号为 HMC336MS8G，由 Hittite Microwave 公司生产）来实现的，同理，合并过程的同步也是通过 FPGA 控制实现的。其原理是：信号从发射天线到接收天线的时间延迟是固定的，在正确计算该延迟之后，两个 0-1 信号可以在与延迟补偿后分别与通道 A 和通道 B 两个同步时钟同步产生，将其作为开关的触发信号。图 5.10 和图 5.11 为 FPGA-双通道同步控制模块框图和 FPGA-双通道同步时钟产生流程图。

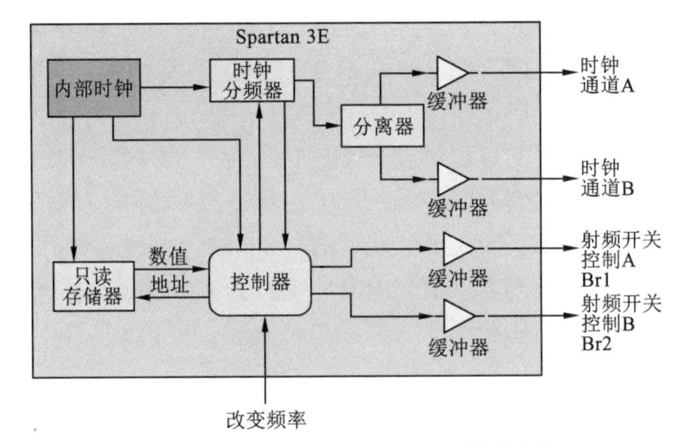

图 5.10　FPGA-双通道同步控制模块框图

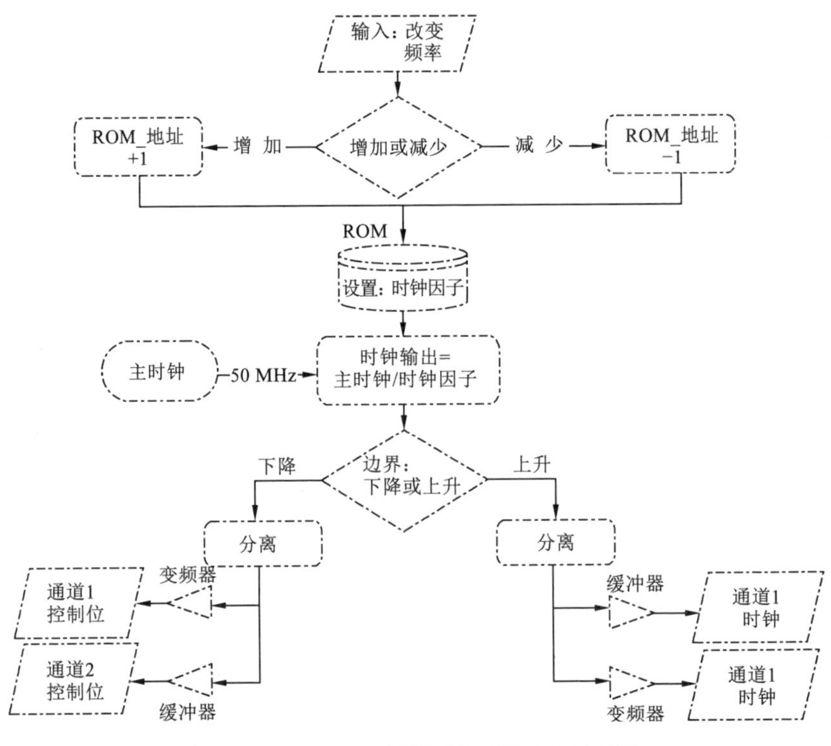

图 5.11　FPGA-双通道同步时钟产生流程图

5.3.3　高速数字化仪同步设计

根据 4.3 节介绍，ADC 在 SAR 模式下工作，有三个循环缓冲区单元，每个循环缓冲区单元又被分为 333 个段，每个段可以存储一个周期信号的所有采样点数据。每 333 个脉冲信号被成功采集到一个循环缓冲区单元之后，该缓冲区单元内的数据被转移到计算机内存中，然后计算机给该数据块添加相应的头数据信息，最终保存到计算机硬盘中。另外，当触发器设置后，每一个采样事件过程被成功触发之后，数字化仪会产生一个反馈信号即“trigger_out”。

在相应的头文件数据信息中，有一个非常重要的信息即通道标签信息，通过该标签可以识别每个数据段是来自哪一个通道，便于雷达数据的后期处理。理论分析及实验测试结果均表明，在单一循环缓冲区单元内部（333 个段），两个通道数据严格呈交替排列，所以对单一循环缓冲区单元来说，只用标记其中某一个数据段，则可以知道其他 332 个数据段的通道信息，本数据采集系统标记并保存的是每个单一循环缓冲区单元的最后一个段的通道信号。通过持续监测数字化仪产生的回馈信号，FPGA 的数据同步控制模块可以产生每一个数据块的标签信息，从而保证通道标签数据的正确性及探地雷达数据的安全采集。每一次成功采集 333 个脉冲信号数据，FPGA 会自动识别并产生最后一个脉冲信号的通道标签，此处为 0-1 表示（0 表示通道 A，1 表示通道 B），然后将这个标签数据传输到计算机中，并最终保存在计算机硬盘。这样在数据处理时，通过读取该通道标签数据，则可以识别该数据段是来自哪一个通道的反射信号。

FPGA 另外一个功能是通过量测每两个反馈信号之间的时间间隔来检测是否有脉冲信号的丢失。如果数据采集是连续的，那么反馈信号之间的时间间隔应该与脉冲重复频率（由 FPGA 设置）的通道时钟相吻合。如果有任何的数据和信号丢失，其时间间隔会大于两个重复脉冲信号的时间间隔，此时 FPGA 控制模块将会重置并更新通道标签，最终将其传送到计算机。图 5.12 和图 5.13 为 FPGA-ADC 同步控制模块框图和 FPGA-ADC 同步控制模块流程图。

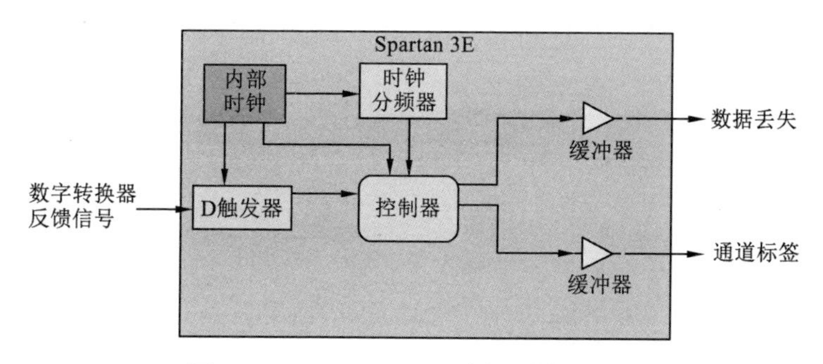

图 5.12　FPGA-ADC 同步控制模块框图

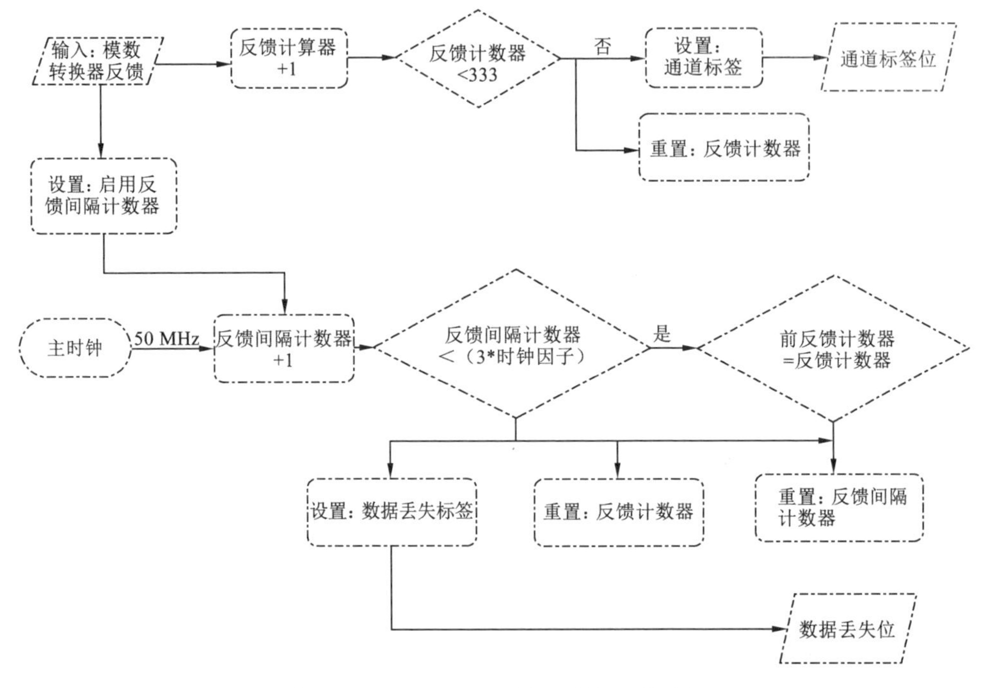

图 5.13　FPGA-ADC 同步控制模块流程图

5.4 雷达系统整合设计

在第 4 章研究成果和超宽带雷达天线优选的基础上，进行了雷达系统的最后整合。根据研究的目标，高速双通道探地雷达系统采用了空气耦合式超宽带天线的双通道结构设计，通过两组天线收发信号的双通道工作模式，拓宽了雷达天线的覆盖范围，从而提高了雷达的检测效率。整合后的探地雷达系统可在高速公路上以 100 km/h 的行驶速度进行探测。

仪器整合分两步进行，首先是室内整合，经过成功测试后才是室外整合。室内整合时，整个系统以手推车为载体，将探地雷达各个组成部分进行整合。整合结果如图 5.14、图 5.15 和图 5.16（a）所示。图 5.16（b）和（c）分别为室外用车（可以拖挂在其他机动车上）和附带的测量轮编码器，该室外用车可以在室外实验或者高速公路上探测时作为雷达的搭载平台，并在高速公路上以 100 km/h 的行驶速度进行探测。

图 5.14 高速双通道雷达系统各组成部分（正面）

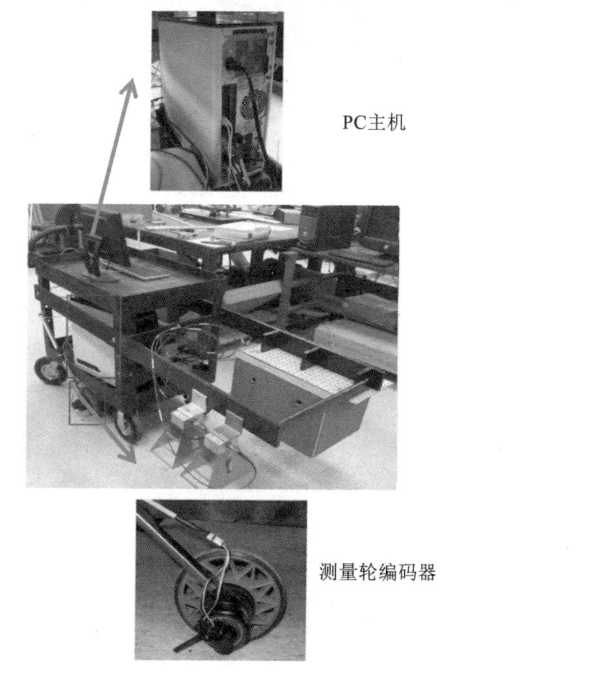

图 5.15 高速双通道雷达系统各组成部分（背面）

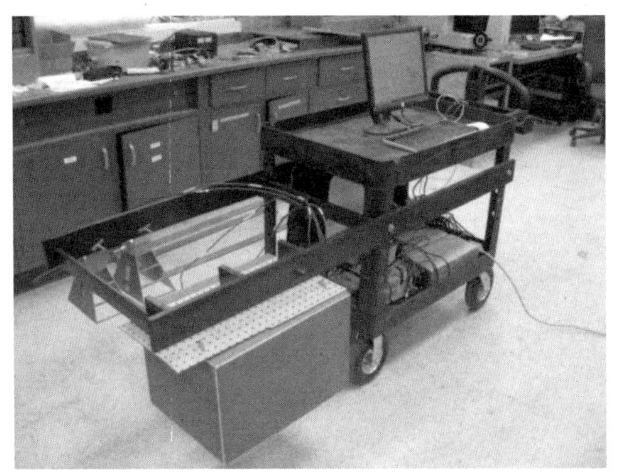

（a）室内系统整合

（b）室外用车

（c）室外用车上的测量轮

图 5.16　高速双通道雷达系统

第6章　车载探地雷达数据处理软件的开发

本章在雷达图像处理软件功能需求的基础上，阐述以MATLAB为基础平台开发的GIMAGE图像处理软件；通过数据处理功能自动化加工向导，向用户提供数据增强、数据解释处理的最佳流程；它基于Windows系统，为用户提供一个熟悉和易于使用的环境，允许用户选择最适合自己的专业需求的处理功能。软件处理工作以交互的方式进行，操作友好简洁。

探地雷达探测技术具有快速、无损、高精度等优点，目前已成为路桥工程质量检测和浅层勘探的重要手段之一。探地雷达探测包括三个步骤：数据的采集、资料的处理和解释。这三个步骤中，任一步骤都会影响探测的结果。通过设置合理的观测形式和采集参数来完成室外雷达数据的采集。根据干扰源不同，采用合适的方法提高有效信号的信噪比来对数据资料进行处理。最后对处理剖面进行去伪存真的解释，并对异常进行统计等来实现。在商用探地雷达出现以后，数据处理能力成为制约探地雷达发展水平、限制探地雷达应用范围的关键因素。一方面其数据量大，不经过处理几乎无法判读有用信息，因而处理任务繁重；另一方面探地雷达数据的处理与判读需要具备相关专业知识的人员才可能完成，因此探地雷达数据专业处理软件的开发具有重要意义。

与研制探地雷达的硬件系统相比，数据处理系统的开发对物质条件的要求相对较少，因而吸引了大批数学、地球物理、电子工程及其相关专业的学者投身其中，大大促进了探地雷达数据处理技术的发展，从而有力地推动了探地雷达技术的发展（孟凡菊,2010）。当前较为常见的雷达处理系统软件主要有GSSI公司的RADAN系列、SSI公司的EKKO系列、MALA公司的GroundVision、物探考古实验室公司的探地雷达SLICE等，这些处理软件系统的开发大多都是为了配套各公司的雷达产品，所以其各有特点，同时数据格式的不同又限制了其应用的广泛性。车载探地雷达软件的开发立足于处理高速双通道超宽带探地雷达数据，并考虑其他数据格式的兼容性，进行模块化设计，通过数据处理功能自动化加工向导，向用户提供数据增强、数据解释处理的最佳流程。

6.1　系统需求分析

6.1.1　系统用户分析

作为对高速双通道超宽带探地雷达系统的支持与辅助，车载探地雷达软件的用户可分为直接用户、间接用户和潜在用户。

系统的直接用户主要是使用高速双通道探地雷达系统的技术人员。在雷达系统的测试过程中，这些用户要对雷达数据进行读写及一系列的后期处理、解译操作；系统的间接用户是系统数据整合人员。在系统整合过程中，需要阅读软件处理的成果。将来探地雷达行业工作者都可能是系统的潜在用户。

6.1.2　功能需求分析

1．探地雷达数据处理流程

对采集的雷达数据处理后才能得到所需要的信息，如桥梁或者公路混凝土中的钢筋深度、粗细、腐蚀度等。

图 6.1 是雷达数据处理一般流程。

第一步：数据导入；第二步：道间压缩（因数据量太大）及删除不要的道数据（可选）；第三步：零层线追踪及校正；第四步：零线设定；第五步：背景去除；第六步：中值滤波及低通、带通滤波等滤波处理；第七步：感兴趣区域提取；第八步：双曲线拟合，第九步：时间–深度转换，提取目标物雷达特征信息。

对于第五步和第六步可以循环进行，直到结果满意。

2．探地雷达功能需求分析

对于高速双通道雷达数据处理系统，用户要求系统采用图形界面，以方便用户的操作，基本功能要满足如下要求。

（1）数据输入：多种数据格式的雷达数据和头文件信息的输入与数据更新等。

（2）数据输出：处理后数据的存储，各种流行图形格式的打印输出等。

（3）数据转换：不同格式数据之间的转换等。

（4）视图显示：放大、缩小、自由缩放；可以快速地浏览数据处理前后每一道数据的时间幅度图及频率域谱图，查看数据的头文件信息。

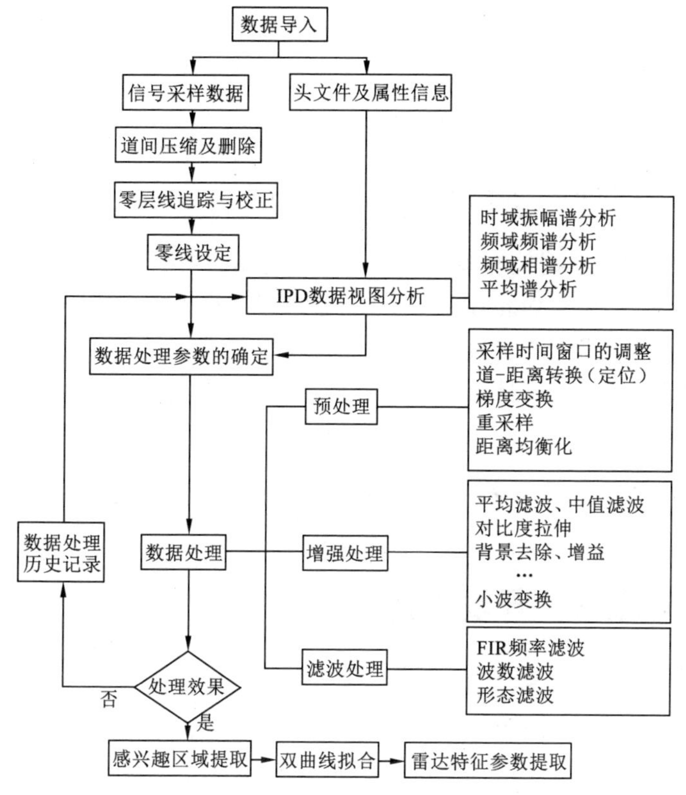

图 6.1　数据处理流程图

IPD：输入数据；FIR：有限长单位冲激响应

(5) 数据预处理：可方便地对数据道及时间窗口进行合并或删除、道–距离转换（定位）梯度变换、重采样及距离均衡化操作。

(6) 数据增强处理：可快速地对数据道进行平均滤波、中值滤波、对比度拉伸、背景去除、增益、小波变换等处理。

(7) 数据滤波处理：通过人机交互的方式对数据进行不同的滤波处理，如 FIR 频率滤波、波数滤波、形态滤波等。

(8) AOI 区域的提取：通过适当的算法提取目标区域，并进行边缘检测。

(9) 雷达特征参数的提取：对边缘检测点进行筛选处理，实现曲线拟合，提取目标物的雷达特征参数，最终完成对雷达图像的解译。

6.1.3　系统性能需求分析

系统的性能主要表现为系统的响应速度，因雷达数据量太大，在实际应用中将会达到 GB 级，所以要保证系统用户在可以等待的时间内获得系统的响应。

如此多的雷达数据涉及商业及法律层面，因此系统要有较高的安全性，要有各种措施确保系统的软件、硬件和数据不受各种因素的破坏。要对数据进行定期的备份，提高对病毒侵害的防范能力。

6.1.4　用户界面需求分析

GIMAGE 雷达数据处理系统应具备直观友好的系统界面，要达到易学易用、使用灵活的要求。基于 Windows 平台，构建起以数据处理为核心，立足界面友好、数据处理解决方案优化的实验系统。个别参数的设置将会以交互的方式进行，各种输入、输出界面与日常习惯一致，具有极强的可操作性。

6.2　GIMAGE 系统的总体设计

6.2.1　设计理念及开发平台

1．设计理念

软件工程作为综合性的交叉学科，涉及计算机科学、管理科学、工程科学、数学逻辑等众多领域。软件工程的目标可以归纳为以下几个方面：①付出较低的开发成本；②达到要求的软件功能；③取得较好的软件性能；④开发的软件易于移植；⑤需要较低的维护费用；⑥能按时完成开发任务，及时交付使用；⑦开发的软件可靠性高。

在探地雷达数据显示与处理软件的编译过程中，需要遵循软件工程的基本原理，坚持充分利用面向对象的思想，从而不断提高所开发软件的可读性、移植性、健壮性。

2．软件开发平台

MATLAB 即矩阵实验室（Matrix Laboratory）是一款由美国 MathWorks 公司开发设计的商业数学软件，主要用于数值计算、数据分析、数据可视化及算法开发的计算语言和交互式环境。它可以将数值分析、矩阵计算、科学数据可视化及非线性动态系统的建模和仿真等诸多运算功能集成在一个易于管理的视窗运算环境中，为科学研究、工程设计及有效数值计算等众多科学领域提供一种全方位的解决方案和实验平台。MATLAB 在很大程度上摆脱了 C、C++等计算机语言的编辑模式，代表了当今国际科学计算软件的先进水平。

理论上，MATLAB 以矩阵作为基本的数据单位，其解算问题的方式要比传统非交互式程序设计语言（如 C、C++）更加简洁，并对 C、Fortran、C++、Java 等实现兼容。

MATLAB 系统由 M.语言、M.开发环境、M.数学函数库、M.图形处理系统和 M.应用程序接口（API）五大部分构成。其 API 函数库能与 C、Fortran 等其他高级编程语言进行交互。

3．平台特点与优势

与其他开发软件相比，MATLAB 开发平台有以下特点①。

（1）MATLAB 平台编程环境人机交互性更强，操作简单。通过路径搜索、命令窗口、编辑器等操作可方便用户对文件和工作空间的浏览。另外，程序可以直接运行，而不必先经过编译处理。

（2）MATLAB 编程语言容易上手，与常规数学表达式的书写格式一致。并且其可拓展性较强，方便与其他编程语言进行移植。

（3）大量计算算法可以直接调用，数据处理能力非常强大，可以满足各种计算功能。

（4）强大的图形处理功能和便捷的数据可视化功能。

（5）模块化工具箱可供直接应用。

（6）实用的程序接口，可以方便与 C 和 C++代码进行程序文件转换。

本车载探地雷达数据处理软件采用了 MATLAB7.11（R2010b）作为 GIMAGE 的开发平台。

6.2.2　GIMAGE 数据结构设计

探地雷达数据文件头在 MATLAB 中声明为结构体，具体格式见表 6.1。从表 6.1 中可以看出数据标记、数据偏移量、采样率、所占位数等参数均用 Int16 类型表示；其他用 Char 类型表示字符；用 Int32 类型表示整数。

表 6.1　雷达数据头文件数据结构表

数据参数	变量类型	变量说明
DATA.origin	Char	指定系统的类型
DATA.pname	Char	数据文件的路径
DATA.fname	Char	数据文件的名字

① 百度百科. MATLAB.（2015-03-06）[2018-11-29]. http://baike.baidu.com/view/10598.htm.

续表

数据参数	变量类型	变量说明
DATA.d	Int16	数据矩阵（2 维）
DATA.ns	Int16	标量，每道的样本数
DATA.dt	Int16	标量，采样时间间隔
DATA.tt2w	Int16	矢量，双程走时
DATA.sigpos	Int16	标量，信号位置（零时刻）
DATA.dz	Int16	标量，采样空间距离间隔
DATA.z	Int16	矢量，深度
DATA.zlab	Char	数据显示时，*Y* 轴的标签
DATA.ntr	Int16	标量，数据的道数
DATA.dx	Int16	标量，道间空间距离间隔
DATA.x	Int16	矢量，水平方向坐标向量
DATA.xlab	Char	数据显示时，*X* 轴的标签
DATA.markertr	Int16	矢量，编号道的编号
DATA.xyz.Tx	Int16	矢量，发射天线的参考坐标
DATA.xyz.Rx	Int16	矢量，接收天线的参考坐标
DATA.TxRx	Int16	标量，天线间距
DATA.Antenna	Char	天线名称及型号
DATA.DZThdgain	Int16	矢量，增益设置
DATA.TimesSaved	Int16	标量，数据保存循环次数
DATA.comments	Char	原始数据头注释
DATA.history	Char	记录数据处理历史流程

6.2.3　GIMAGE 功能结构设计

如图 6.2 所示，GIMAGE 软件具有以下五大功能模块：数据加载模块、视图模块、数据处理模块、时间–深度转换模块、AOI 区域模块。这五个功能模块基本上涵盖了探地雷达资料处理、分析和解释中重要的功能模块。

在软件系统中，车载探地雷达数据处理软件充分考虑文档、视图的结构的关系，重要参数全部在文档类中保存。车载探地雷达数据处理软件的软件结构采用模块化图形用户界面（GUI）方式进行。对于车载探地雷达数据处理软件的数据文件结构请参见附录 II。

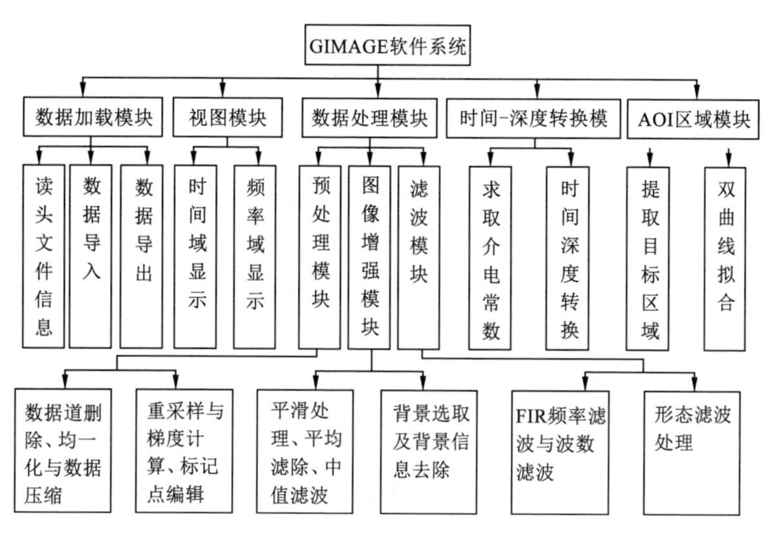

图 6.2 GIMAGE 功能结构图

6.2.4 GIMAGE 数据处理框架设计

数据处理是雷达应用软件的重点内容，一个规范的数据处理框架对功能的扩充和技术维护至关重要。GIMAGE 软件采用三层结构框架，如图 6.3 所示。

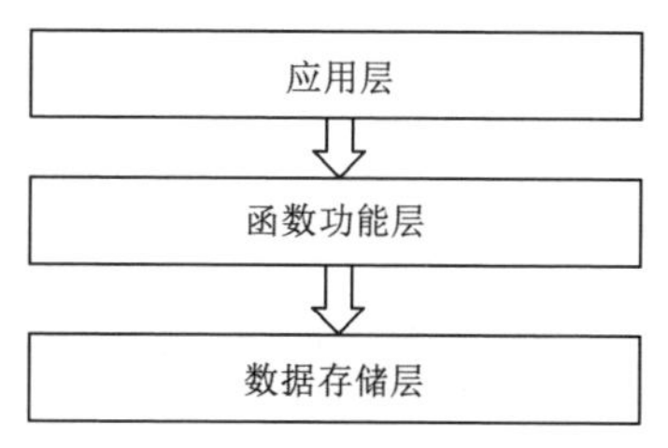

图 6.3 GIMAGE 数据处理框架图

（1）数据存储层：该层用来控制雷达数据及其属性信息，包括数据头文件参数和采集的数字信号数据。该层数据又分为 IPD（输入数据）、OPD（输出数据），任何一个处理都是把 IPD 作为处理对象，而把处理后的数据存放在 OPD 中。数据在处理过程中的历史记录信息的保存也会在数据存储层实现。

（2）函数功能层：不同的功能在功能菜单中通过各自唯一的标签（Tag）来加以识别区分，而这些函数则以 m 文件的方式分类存放在总目录下。当用户通过鼠标单击不同的功能菜单时，相应的功能函数即被调用，对 IPD 进行处理。该层控制流程如图 6.4 所示。

（3）应用层：即高级层或者用户层，该层在系统中的表现主要为人机交互，对参数设置等。用户可以对数据进行常规的预处理和增强处理，包括数据合并、数据道裁剪、数据压缩、微分运算、梯度运算、道间校正、零点设定、背景去除、增益及各种滤波处理等。另外 GIMAGE 还包括了其他的专业处理功能，如介电常数的求解、时间-深度转换、归一化能量图、感兴趣区域的提取、双曲线拟合等。

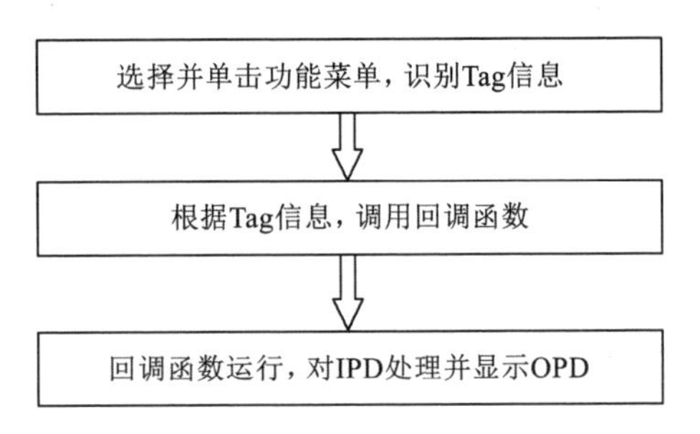

图 6.4　函数功能层控制流程图

6.2.5　用户界面设计

车载探地雷达数据处理软件（GIMAGE V1.0）雷达数据处理系统应具备直观友好的系统界面，要达到易学易用、使用灵活的要求。系统以数据处理为核心，采用 Windows 平台，菜单和图形显示相互独立，而集数据编辑处理与可视区域于一体，各种输入、输出界面与日常习惯完全一致，具有极强的可操作性。系统主界面和菜单栏如图 6.5 和图 6.6 所示。

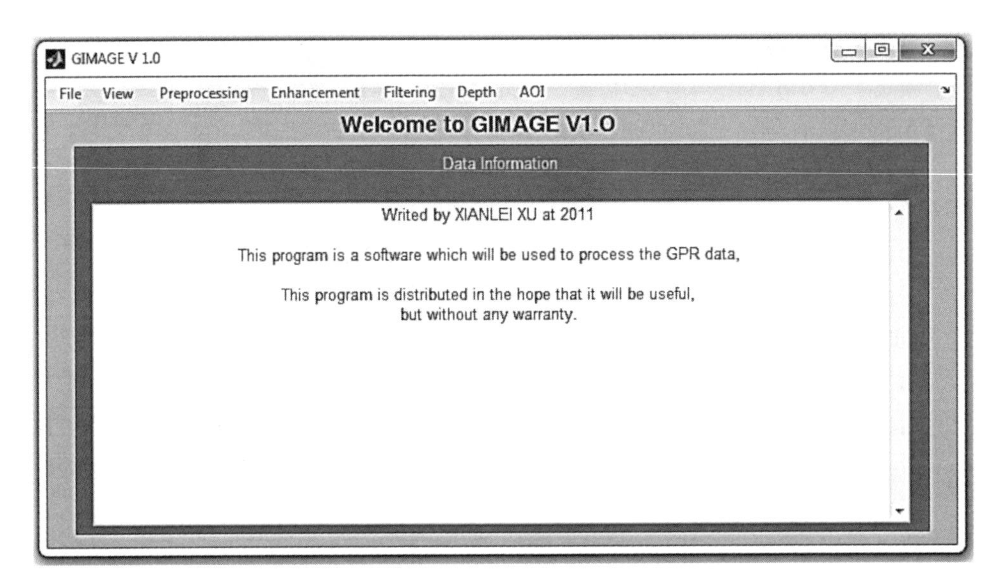

图 6.5　GIMAGE 主界面

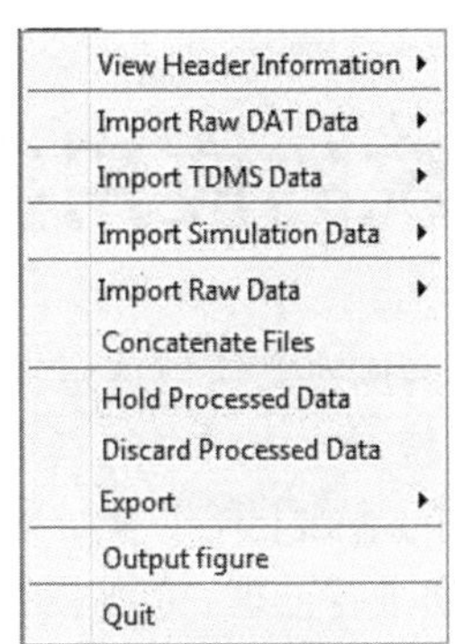

（a）File 菜单

View Data
View Processed Data
Three-dimensional Graphics
Show Marker Traces
View Traces
View Spectra
View Processed Traces
View Processed Spectra
Calculate Move Frequency

（b）View 菜单

Adjust Signal Position
Trim time window
Edit Scan Axis
Cutting Data
Remove Bad Traces
AOI Area
Traces Compression
Equalize Traces
Traces to Length
Gradient
Resample Time Axis
Resample Scan Axis
Edit Markers
Interpolate to equal spacing

（c）Preprocessing 菜单

Mean Filter
Median Filter
Histogram Contrast Stretch
Remove Average
Remove Background
Suppress Horizontal Features

（d）Enhancement 菜单

FIR Frequency Filter
FIR Wavenumber Filter
Morphological Filter

（e）Filtering 菜单

Relative Dielectric Constant
Depth Estimation
Level Tracking
Level Correction
Zero Line Setting
Time Depth Conversion

（f）Depth 菜单

Normalized Energy Map
Auto-detect Target Area
Hyperbola Fitting

（g）AOI 菜单

图 6.6　菜单项

第7章　车载探地雷达系统的应用实验

本章以室内、室外应用实验和正演模型对比实验为例对高速双通道探地雷达系统进行测试验证。首先利用高速双通道探地雷达系统对室内建立的三个实验物理模型进行数据采集，在分析钢筋反射信号曲线特征的基础上详细介绍数据处理的步骤和流程，并通过车载探地雷达处理软件对该数据进行处理，得到双曲线拟合结果。为了与室内实验结果进行对比，进行数字正演模拟，并对室内雷达实验和数字正演模型实验结果的精度进行对比分析。同时进行室外道路检测实验，验证该新型探地雷达在实际道路检测中的有效性，并对室外道路探测数据进行处理和分析。

高速双通道探地雷达系统整合后，为验证其性能，进行了一系列的室内实验测试。与此同时，建立室内实验数据的正演模型，采用高阶时间域有限差分法对模型进行数据模拟，通过探地雷达的数值模拟研究，可加深对探地雷达剖面的认识，同时与室内测试数据的对比分析，也可以提高解释精度，并为探地雷达反演提供依据。

7.1　探地雷达系统室内测试实验

7.1.1　实验方案及参数选取

1. 实验方案设计

高速双通道探地雷达系统的设计是检测公路桥梁的质量，其中钢筋作为其重要的组成部分，检测钢筋的特性是探测的重点。本节的重点是通过建立一系列的场景，用高速双通道探地雷达系统来确定钢筋的精确位置，从而验证该系统的探测效果。此实验一共设置了三个不同的测试场景，其场景设置如图7.1所示。

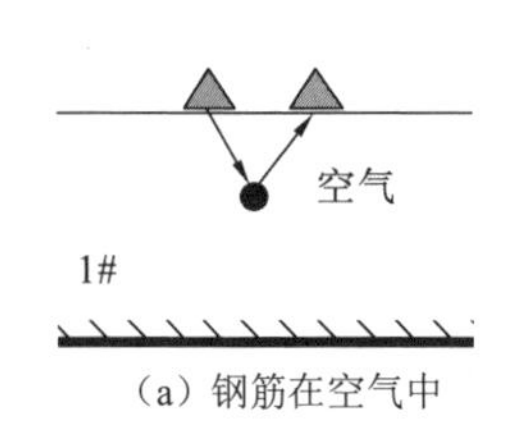

（a）钢筋在空气中

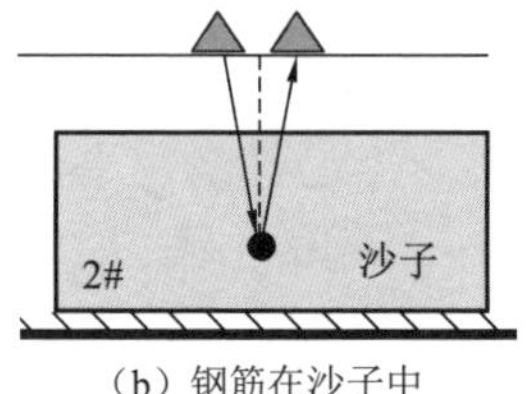

（b）钢筋在沙子中

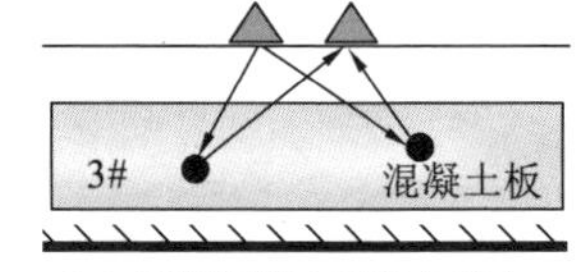

（c）两根钢筋在混凝土板中

图7.1　三个测试场景的设置

三角图形表示雷达天线，圆圈表示钢筋截面

（1）将一根 6# 螺纹钢筋（直径 20 mm）放置在距地面 0.55 m 处，其方向与天线移动方向垂直，天线置于钢筋上方 0.45 m 处。

（2）将一个长宽高为 0.63 m×0.45 m×0.25 m 的塑料盒子装满沙子，然后将一根钢筋（直径 15 mm）埋在距表面 0.1 m 深度的沙子中，保证钢筋放置的方向与天线移动方向垂直，天线则置于沙子表面上方 0.25 m 处。

（3）准备一块预制钢筋混凝土板，两根大小相同（直径 20 mm）的钢筋分别嵌在距离混凝土板表面下方深度为 0.108 m 和 0.098 6 m 处，两个钢筋的间距为 0.5 m。天线置于混凝土板上方距表面 0.1 m 处，且保证钢筋放置的方向与天线移动方向垂直。

三个测试场景及两个自制喇叭天线如图 7.2 所示。

（a）钢筋在空气中

（b）钢筋在沙子中

（c）两根钢筋在混凝土板中

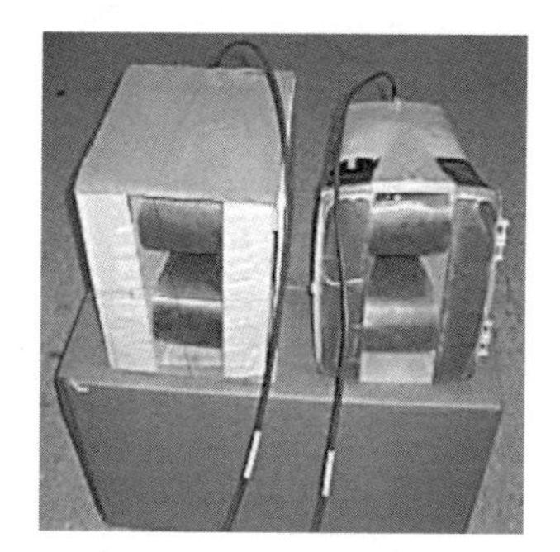

（d）两个自制喇叭天线

图 7.2　测试场景

2．参数选取

雷达参数是指雷达系统进行测量时，根据具体目标体所处环境和性质需要来选择相关参数，包括天线中心频率、时窗宽度和采样频率、天线的极化方向。参数选择合适与否直接关系测量结果的合理性和正确性（盛安连，1996）。

1）天线中心频率

当场地许可时，影响天线中心频率的因素有：设计天线的空间分辨率、杂波的干扰和探测深度。一般情况下，在探测场地的条件许可情况下，如果同时也满足分辨率要求，应尽量选择中心频率较低的天线。假设天线中心频率为 f、空间分辨率为 m、介质相对介电常数为 ε_r，则三者满足：

$$\{f\}>\frac{75}{m\sqrt{\varepsilon_r}} \tag{7-1}$$

若 GPR 探测的深度为 D，则有

$$\{f\}<\frac{1200\sqrt{\varepsilon_r-1}}{D} \tag{7-2}$$

中心频率与探测深度的对应关系见表 7.1。在进行道路质量检测时，靠近路面的缺陷一般深度和尺寸较小，可采用高频波；而路面路基较深处的变形一般深度和尺寸较大，故可采用低频、探测深度大的波来探测（张山 等，1998）。3 个实验目标体埋深在 0.5 m 以内，因此两个通道的天线中心频率分别采用 1 GHz 和 3 GHz 进行探测。

表 7.1　探测深度与中心频率对应简表

深度/m	中心频率/MHz
0.5	1 000
1.0	500
2.0	200

2）时窗宽度

雷达的时窗宽度一般由探测深度来确定，深度越深，应选用越长的时窗宽度；反之亦然。在实际工程应用时，时窗的选择主要取决于最大探测深度 h_{max} 与介质中电磁波速度 v 或介电常数 ε，时窗 T 可由式（7-3）估算得出（赵璐璐，2009）

$$\{T\}=1.3\times\frac{2\{h_{max}\}}{\{v\}}=2\{h_{max}\}\sqrt{\varepsilon}/0.3 \tag{7-3}$$

若已知检测目标的厚度约为 50 cm，介电常数为 5，则根据式（7-3）计算结果时窗为 8，考虑时窗选择应略有富余以满足介质电磁波速度与目标深度的变化，通常探测时目标体位置应在雷达剖面的 2/3 位置。另外，该雷达系统为空气耦合方式，电磁波还要经过空气传播，所以本次实验选择时间窗口为 40 ns。

3）采样率

该系统的采样方式为实时采样，采样率最高可以达到 8 Gsa/s，则采样间隔为 125 ps。那么采样率为 40 ns/125 ps = 320。

4）天线的极化方向

天线的极化是描述天线辐射电磁波矢量空间指向的参数。一般而言，以电场矢量空间指向作为天线辐射电磁波的极化方向。天线的极化方向或偶极天线的取向是目标体探测的一个重要方面，天线取向不同，获得的图像不同，且背景差异较大。实验设置天线的不同排列放置方式，进而比较不同的极化方向的雷达图像质量，并以图像质量最好的极化方向设置作为最终的配置选择。

7.1.2　数据采集

根据以上的参数设置，用该雷达系统对实验模型分别进行数据的收集，结果如图 7.3 所示。

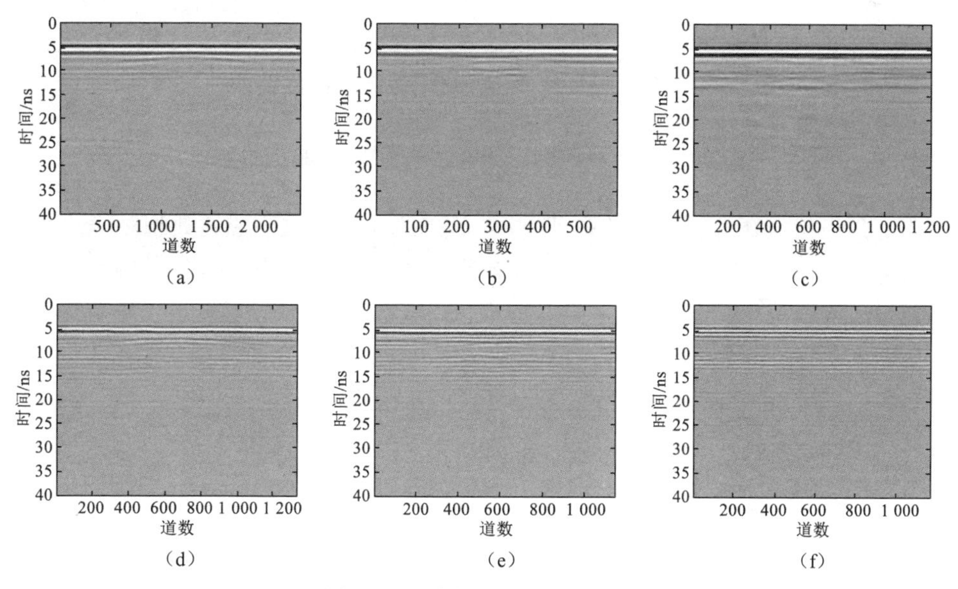

图 7.3　原始数据的 B-scan 图像

基带频率图像为（a）钢筋在空气中；（b）钢筋在沙子中；（c）两根钢筋在混凝土板中

高频率图像为（d）钢筋在空气中；（e）钢筋在沙子中；（f）两根钢筋在混凝土板中

7.2　室内实验数据处理

7.2.1　反射信号的双曲线特征

探地雷达以数字化形式进行数据采样，然后以波形或灰阶来显示图像，进而通过数据处理和图像识别来确定目标体的位置和埋深及目标体材质等特征。由电磁波反射原理可知，在地下介质均匀的条件下，当测线垂直钢筋走向，钢筋反射呈现拱形曲线形态，拱形曲线顶点位置即为钢筋中心所在位置；顶部为平直面的目标，其反射波则呈现平直线形态，且中心位置为顶板中心。直径大的目标体，其反射波曲线平缓；直径小的目标体，其反射波曲线则尖锐。若目标体埋深大，则反射波的异常幅度减弱，且曲线的形态趋向平缓。

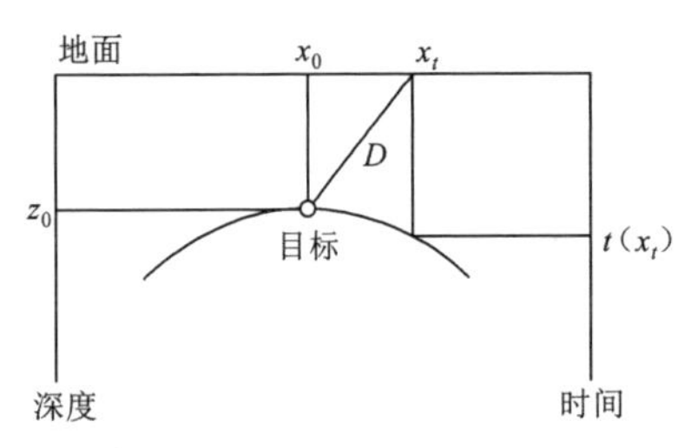

图 7.4　目标回波反射示意图

若横轴表示反射脉冲电磁波的道数，纵轴表示电磁波在介质中的双程走时，则探地雷达在介质中的反射如图 7.4 所示。

目标体顶点位置为（x_0, t_0）。由电磁波反射的波组特性可知，如钢筋等管状目标体的发射信号反映在雷达剖面上为一同相双曲线。所得的雷达信号由图像可知，双程走时与横轴测线道次的关系如公式（7-4）所示：

$$t_n = \frac{2}{v}\left[\sqrt{\left(\frac{vt_0}{2}+R\right)^2+(x_n-x_0)^2d^2}-R\right] \tag{7-4}$$

式中：v 为电磁波在介质中的传播速度；x_n 和 t_n 为雷达天线测线道数和对应的双程走时；x_0 和 t_0 为目标体顶点反射在雷达图像中的位置；d 为测线道之间间隔的距离；R 为目标体半径。

由式（7-4）可得

$$R = \frac{4(x_n-x_0)^2d^2+(vt_0)^2-(vt_n)^2}{4v(t_n-t_0)} \tag{7-5}$$

7.2.2　噪声来源分析

1．噪声来源

探地雷达回波信号可以近似表示为收发天线间的直接耦合波、地表反射波、目标回波、外界的随机杂波等背景噪声、系统的热噪声等随机噪声、空间物体的反射干扰波及外界电磁波引起的射频干扰等信号的线性叠加。根据噪声成因来分，探地雷达噪声信号可分为内部噪声和外部噪声两大类（Peng et al., 2004）。其中内部噪声是雷达采集系统本身引起的不可克服的噪声；而外部噪声是由于外部环境和电磁波传播特性引起的噪声。

（1）内部噪声主要有：①发射天线和接收天线的直达波。对于高频天线，屏蔽材料的使用可以屏蔽掉大部分的直达波，但是仍然有一定的电磁波从发射天线直接到接收天线上。②发射脉冲信号与天线的阻抗不匹配产生的干扰信号。发射脉冲信号在通过天线发射过程中，尽管有阻抗匹配器进行调整，其间必然存在输入阻抗不能完全匹配的情况，从而产生驻波，同时减少了信号的发射能量。③天线发射信号与天线屏蔽罩之间的振荡干扰信号。天线屏蔽罩是根据天线主频大小来设计的，其目的是减少干扰信号的能量，但是由于天线发射是宽频带信号，这种振荡也必然存在。④天线尾部馈点反射回来的信号。馈点反射信号采用特殊材料可以进行一定程度的吸收，但是达到完全吸收还是不可能的。⑤发射脉冲信号的旁瓣干扰信号。雷达脉冲发射最理想的脉冲信号是与天线匹配的单峰主瓣信号，但是，旁瓣信号常常伴随主瓣信号出现，从而产生干扰信号。

（2）外部噪声主要有：①手机、无线电射频干扰信号；②与测线走向相同的电缆线、金属管线等固定干扰源。

2．典型噪声

探地雷达的噪声来源是多方面的，但是其主要噪声干扰有以下几种（许新刚 等，2006；杨峰 等，2005）：①天线直接耦合干扰和阻抗不匹配造成的驻波干扰。②手机、无线电射频信号及金属物体干扰。③天线与探测接触面距离不稳定引起的干扰。例如，受路面状况限制，天线虽以空气耦合方式工作与目标体无接触，但是天线与探测接触面距离不稳定造成零点起伏变换，从而目标体内部信号发生畸变。

7.2.3　实验数据处理步骤

目前 GPR 数据的常规处理方法主要在时间域完成，如叠加处理压制随机噪声；增益处理校正电磁波振幅损失；滤波处理消除低频振荡和高频噪声成分；反褶积滤波消除天线多次干扰波；偏移处理将每个反射点移回其本来位置，从而获得目标体的真实图像（陈义群 等，2005）。下面以钢筋在空气中的雷达探测数据为例说明处理过程及步骤，该数据是在脉冲信号频率为 1 GHz，脉冲重复频率为 40 kHz 下获取的。

1．数据压缩

在 3.3 节中就已经估算出了高速双通道探地雷达系统采集数据文件的数据量是非常巨大的，达到 GB 级，所以为了提高数据的处理频率，在数据处理之前要对数据进行压缩。拿本实验数据来说，在测线方向上各往返一次，完成该模型的数据采集用大约 10 s，采集了近 160 MB 的数据。因该系统为实时采样，再加上室内采集速度太低，所以相邻道数据几乎来源于同一个位置，数据压缩就可以通过有限相邻道之间的平均来实现，预先设定一个平均的道数，从第一道开始起算，取该有限道的平均值作为新的道数据，以此类推，剩余道均作此处理。本书设定的道数值为50，经过数据压缩，一方面减小数据量，另一方面可以抑制随机噪声。

2. 层位校正和零线标定

高速双通道探地雷达系统在数据采集的过程中，天线相对被测目标物表面的机械振动会引起不同的测量道相应信号的水平错位。图 7.5（a）为 5 个测量道数据，黑点表示天线直达波的一个波峰，它们本应该在同一水平线上，因天线的振动等原因导致了水平层位错位，如果不加以校正，必然会造成数据解释的误差（Xu et al., 2012; 2010）。层位校正可以通过偏移估计和校正两个步骤完成。

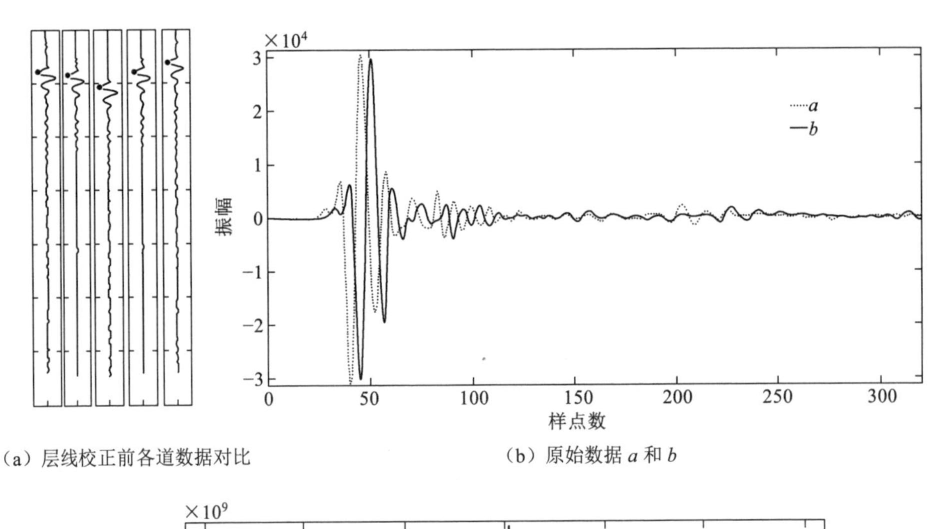

（a）层线校正前各道数据对比　　（b）原始数据 a 和 b

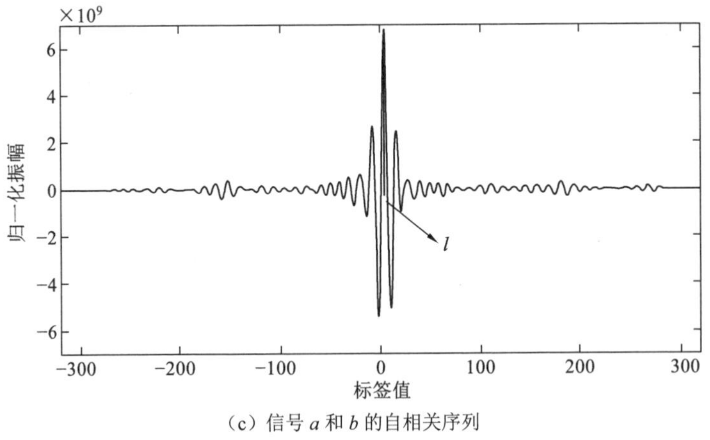

（c）信号 a 和 b 的自相关序列

图 7.5　层位校正

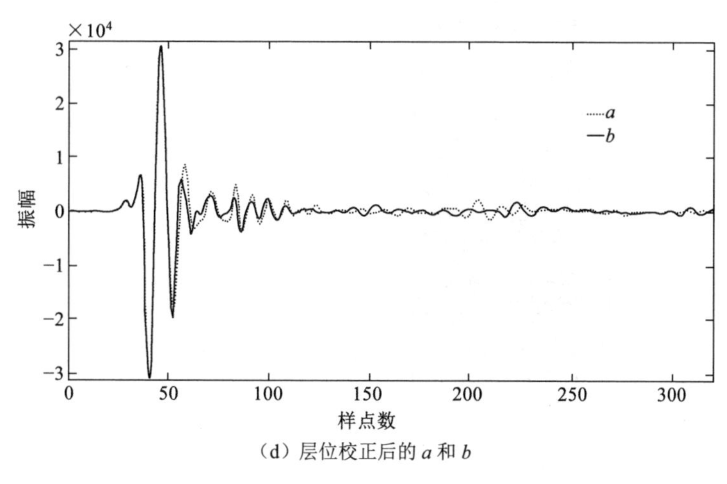

（d）层位校正后的 a 和 b

图 7.5　层位校正（续）

对于偏移估计来说，首先应设定起始参考道数据，然后以该数据道为中心向两边分别追踪并估计各个道的时间偏移量。假设 a 和 b 表示因振动存在信号偏移的两个测量道数据，如图 7.5（b）所示，则序列自相关的偏移估计可以由式（7-6）计算：

$$r_{ab}=\begin{cases}\dfrac{1}{N}\sum\limits_{n=0}^{N-l-1}a_n b_{n-1}, & l\geqslant 0\\ \dfrac{1}{N}\sum\limits_{n=0}^{N+l-1}a_n b_{n+1}, & l<0\end{cases}\tag{7-6}$$

图 7.5（c）是 a 和 b 信号的自相关归一化序列结果 r_{ab}。在这个例子中，自相关序列的最大标签值 $l=5$，它表示与 a 相比，b 的时间偏移量为 5 个采样间隔。通过对 b 信号数据向前偏移 5 个采样间隔就可以实现该道数据的校正，如图 7.5（d）所示。

类似地，对各个道分别与参考道做自相关处理，计算其偏移值，并对各个数据道进行反偏移处理，这样就完成了层位校正的过程。层位校正结果如图 7.6（a）所示。探地雷达图像经过层线校正后还要标定零时间线，即零线标定，用于消除数据采集时设定延迟。因为数据采集过程中，触发时间未知，所以数据采集延迟也未知，这一过程的目的就是设定一个零时刻线作为剖面的起始时间，以便于后续的图像解译，同时也可完成对实验场地起伏的平整处理。对于空气耦合雷达来说，因天线间距很小可以忽略，一般零时刻线以直达波数据点为准，且容易标定。如图 7.6（b）所示，本实验零线设定是以直达波下降沿的中点作为零时刻面。

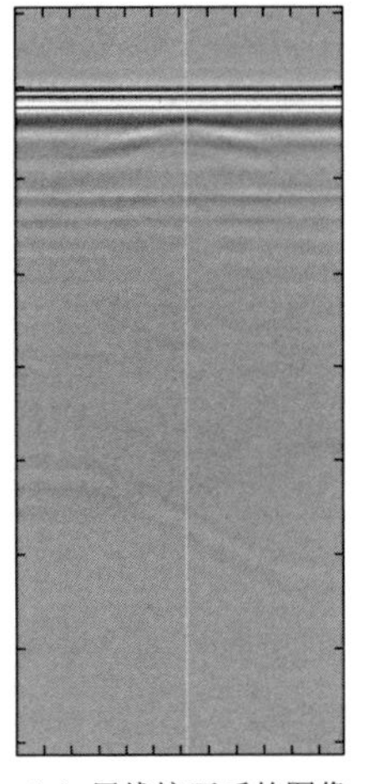

(a) 层线校正后的图像

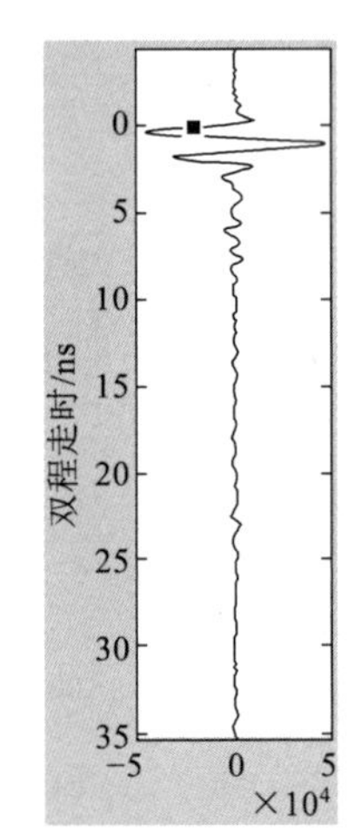

(b) 黄线对应数据道数据的零点标定

图 7.6　层位校正及零线标定

3. 系统噪声去除

空气耦合雷达系统采集的反射数据很容易受各种系统噪声的影响而质量下降，如信道噪声、天线直接耦合波和路表面反射波等。而这些噪声在雷达剖面上具有等时和稳定等特点。如要获取清晰反映地层结构变换的反射信号，必须将这种水平干扰信号去除。

系统噪声是探地雷达图像背景杂波的主要成分。因其幅度比较大，掩盖了真实的钢筋反射信号。另外，这些系统噪声大多是确定性的噪声，所以定义为背景噪声。如果已知背景噪声，对原始数据提取出背景噪声，那么余下的数据信号就可以被认为是地下目标的真实反射信号。因为图像处理的目的是为了获得一个图像质量较好的处理数据，每一个像素值是相对值而非绝对值，所以简便起见，首先选取雷达剖面明显道间水平干扰信号地段，对该段整个的数据进行平均处理，处理后有规则的水平信号得到加强，无规则的反射信号得到减弱。均值道作为背景噪声，并将所有雷达数据与该背景噪声进行差处理，达到去除背景噪声的目的。图 7.7 为系统噪声和无线电干扰噪声去除后图像，图像的对比度得到了显著的提高，与背景图像相比，钢筋反射曲线也变得更加明显，由于这种处理方式削弱了无规则的反射信号，因此对由仪器本身或偶合差异引起的噪声也具有较好的效果。

4. 射频干扰噪声去除和滤波处理

在数据采集中，探地雷达数据还会受到无线电频率的干扰，由于该射频干扰是非常短暂且随机出现的，所以中值滤波器可以减小该干扰的影响（Edoardo et al.,

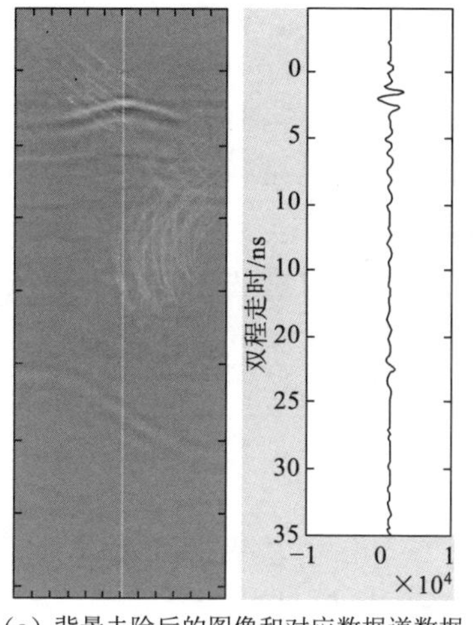

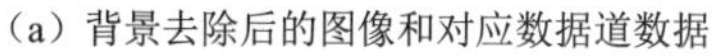

（a）背景去除后的图像和对应数据道数据

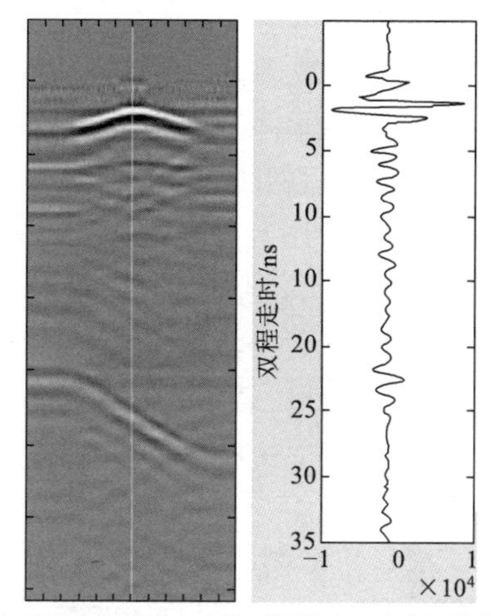

（b）无线电干扰噪声去除后图像和对应数据道数据

图 7.7　系统噪声和无线电干扰噪声去除

2009)。本实验使用了一个窗口为 3×3 的中值滤波器对探地雷达图像进行重采样。首先在领域范围内选出 9 个数据样本，并根据其幅度大小排序，然后选择中值点作为新采样窗口中心像素的值。

因为雷达工作频率是在 1 MHz，为了提高图像质量，本实验还对中值滤波结果进行了带通滤波处理。图 7.8 为带通滤波通带频率的选取图。图 7.7（b）为经过滤波处理后的雷达图像，雷达图像变得平滑，异亮点和非相关分量被除去，感兴趣区域的信噪比不仅得到了提高，同时采用滤波方法可在一定程度上压制系统噪声（发射天线与接收天线之间的直接耦合波）的干扰。

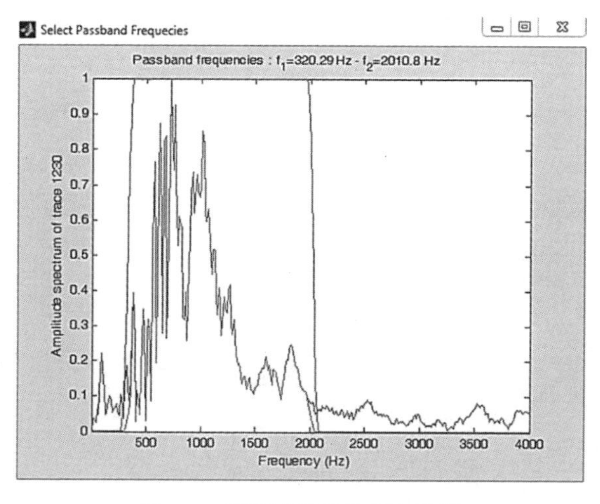

图 7.8　带通滤波通带频率选择

5. 图像增益

探地雷达数据中直达波能量最强，入射信号在介质传播中因衰减使得后续有效反射信号相对振幅小，特别是深层信号不易识别。在特殊情况下，如要获得深层雷达数据信息时，还有必要选择某种算法对数据进行增益处理，使得深层信号得到加强。车载探地雷达数据处理软件用线性增益的方法对雷达图像进行增益处理，即幅度增加的 db 值与深度呈线性关系，该功能在第 6 章软件部分得到实现。因实验数据的目标体深度较浅，在数据处理中未用到增益处理。

6. 目标区域确定

为了能自动检测出目标区域，使用基于方差统计的方法来进行区域的检测（杨俊国，2011；Daniels，2004；Kempen, 2000）。假设雷达信号为

$$X=\begin{bmatrix} X_{11} & x_{12} & \cdots & x_{1n} \\ X_{21} & x_{22} & \cdots & x_{2n} \\ \vdots & \vdots & & \vdots \\ X_{m1} & X_{m2} & \cdots & X_{mn} \end{bmatrix}$$

式中：m 为单道数据的采样点号；n 为测线的道数。

假设一条测道上的权值用向量 A_j 描述：

$$A_j=\left[a_{1j}\ \ a_{2j}\ \ \cdots\ \ a_{nj}\right] \tag{7-7}$$

由于测线布设的测点点距服从奈奎斯特采样定理，各道间雷达信号彼此独立，此时有 a_{1j}，a_{2j}，…，$a_{nj}=1$。

通常情况下，探地雷达测量时使用的测点点距很小，反射层的地质变化一般比较缓慢，因此在图像中反射层的反射信号在水平方向上基本是连续的，无明显的幅度跳变。利用这一特性，假设测道方向的检查线为列向量 b，则有

$$b=\left[b_1\ \ b_2\ \ \cdots\ \ b_n\right]^{\mathrm{T}} \tag{7-8}$$

式中：$b_i=\frac{1}{n}\sum_{j=1}^{n}x_{ij}$。

单道的能量协方差为

$$e_j=\frac{1}{n}\sum_{i=1}^{n}(A_j\cdot X_j-b)^2 \tag{7-9}$$

所以，水平、垂直方向的能量方差分别为

$$e_i=\frac{1}{n}\sum_{j=1}^{n}(X_{i,j}-b_i)^2,\quad e_j=\frac{1}{m}\sum_{i=1}^{m}(X_{i,j}-b_i)^2 \tag{7-10}$$

当有目标出现时，由于目标的反射特性，图像幅度将产生跳变，e_i、e_j 会产生较

大幅度的提升，由此可以判断目标区域范围。

因实际获取的图像往往存在较多的噪声干扰，虽然预处理之后图像质量得到了较大的提高，仍然不可避免地会有杂波及其他干扰信息的存在，为提高目标区域的检测质量，在提取目标区域前，还要对处理后的图像进行形态滤波，以减少虚警信息的产生。本实验使用了膨胀算子来实现对雷达图像的形态滤波处理。如图 7.9 为经过膨胀形态滤波处理后探地雷达图像的能量方差图。从中可以看出双曲线区域的能量较大，在水平和垂直方向的能量方差图上面均表现为波峰。

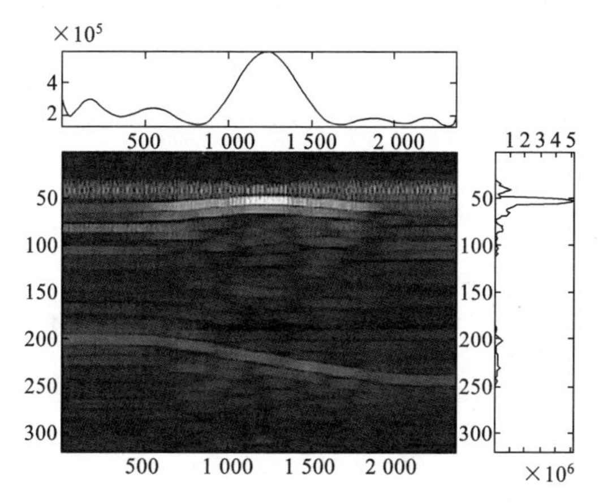

图 7.9　探地雷达图像的能量方差图

图 7.10 为形态滤波前后能量方差对比图，从中可以看到经过形态滤波处理，目标区的反射能量方差曲线得到了平滑，如果设定合适的阈值就可以完成目标区

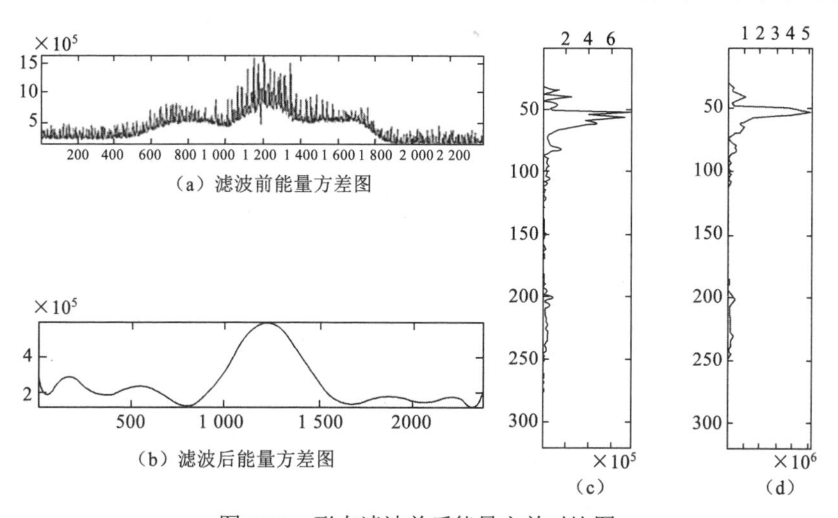

图 7.10　形态滤波前后能量方差对比图

域的选定。处理的一般流程是：首先根据波峰值检测出相邻的波谷点，再以波峰值为中心、以两个波谷点距离为长度作为选定的目标区域。

本例数据中，水平方向范围为（800，1 600），垂直方向范围为（48，80）。根据此方法，探地雷达数据的目标区域探测结果如图 7.11 所示。

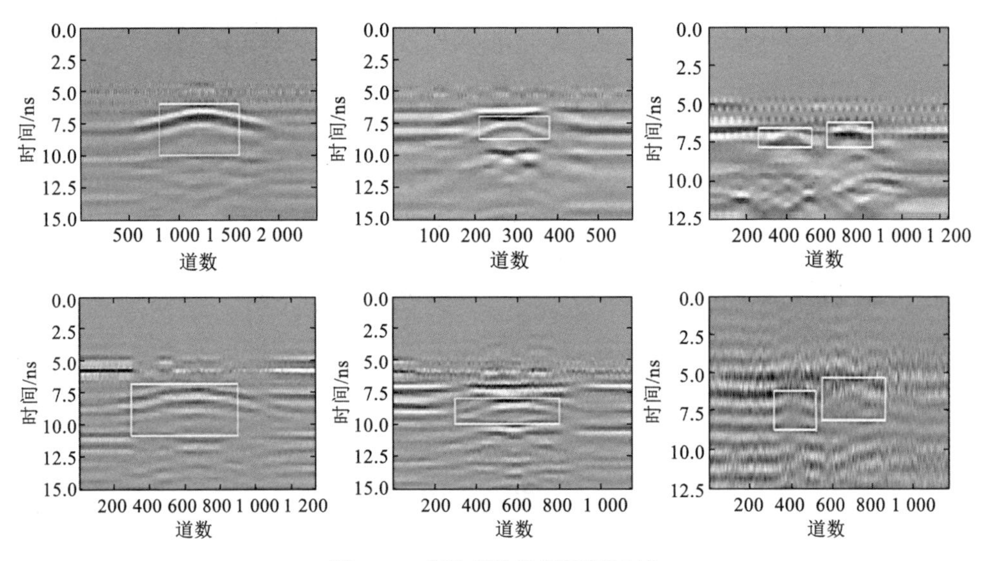

图 7.11　探地雷达数据目标区域

7. 边缘点检测

目标区域确定之后，还需要用双曲线拟合的方法来提取钢筋反射曲线特征，进而估算钢筋的深度。但在曲线拟合之前，首先需要检测出探地雷达图像上面曲线的边缘点，即边缘点检测。

边缘是指图像局部强度变化最显著的部分。边缘检测是使用数学方法提取图像像元中具有亮度值空间方向梯度大的边、线特征的过程。目前，在探地雷达图像处理中有许多边缘检测的方法。基于一阶导数的检测方法包括 Roberts Cross 算子、Prewitt 算子、Sobel 算子、Canny 算子等。基于二阶导数的检测方法有 Marr–Hildreth 算子。边缘检测一般包括滤波、增强、检测、定位四个步骤[①]。

一个具有很好的检测性能的边缘检测算法通常情况下要有准确的边缘定位精度、尽可能低的错误率。Canny 算子用双阈值法来检测强边缘和弱边缘，能很好地实现强边缘和弱边缘的连接，一定程度上消除了噪声的影响（周晓明　等，2008；

---

① 百度百科. 边缘检测.（2015-04-08）[2018-11-29]. http://baike.baidu.com/view/178264.htm.

Canny，1986）。本实验对双曲线边缘的检测就是用 Canny 算子来实现的，具体流程如下。

1）平滑图像

假设 $F[x,y]$ 为图像，$H[x,y]$ 为高斯滤波器。F 和 H 进行卷积运算，得到一个新的矩阵：

$$G[x,\ y]=F[x,\ y]\times H[x,\ y] \quad (7\text{-}11)$$

2）梯度运算

假设差分卷积模板 H_1 和 H_2，则有

$$H_1=\begin{vmatrix}-1 & -1\\ 1 & 1\end{vmatrix},\quad H_2=\begin{vmatrix}1 & -1\\ 1 & -1\end{vmatrix} \quad (7\text{-}12)$$

x 和 y 的偏导数梯度可由图像数据矩阵通过式（7-12）计算。幅值和方位角可以用式（7-15）和式（7-16）计算：

$$P[x,\ y]=F[x,\ \mathrm{y}]\times H_1 \quad (7\text{-}13)$$

$$Q[x,\ y]=F[x,\ \mathrm{y}]\times H_2 \quad (7\text{-}14)$$

$$M[x,\ y]=\sqrt{P[x,\ y]^2+Q[x,\ y]^2} \quad (7\text{-}15)$$

$$\theta[x,\ y]=\arctan\left(Q[x,\ y]/P[x,\ y]\right) \quad (7\text{-}16)$$

3）非极大值抑制

幅值图像阵列 $M[x,y]$ 的值越大，表明其对应的图像像元梯度值也越大。为了确定边缘，需要进行非极大值抑制（non-maximasuppression，NMS），从而生成细化的边缘。探地雷达图像上除了边界点之外每个点都有 8 个邻域，对应着以该点为中心的 3×3 邻域 8 个像素。按梯度线方向可将这 8 个邻域分为四种可能的组合，如图 7.12 所示，分别用 0～3 这 4 个数字来标号，任何通过邻域中心的点必通过其中一个扇区：

$$\begin{aligned}\varphi[x,\ y]&=\mathrm{sector}\left(\theta[x,\ y]\right)\\ N[x,\ y]&=\mathrm{NMS}\left(M[x,\ y],\ \varphi[x,\ y]\right)\end{aligned} \quad (7\text{-}17)$$

在边缘检测过程中，将每一邻域的中心像素 M 与沿着梯度线的两个像素做对比，除非该 M 点的梯度值比梯度方向的两个相邻像素梯度值大，否则将 M 赋值为 0。

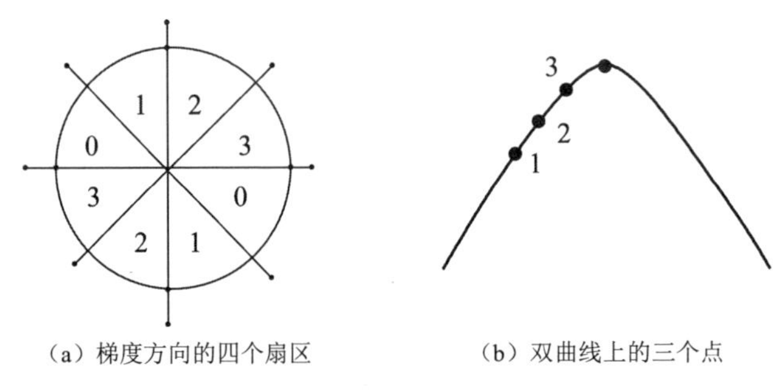

（a）梯度方向的四个扇区　　（b）双曲线上的三个点

图 7.12　边缘点检测

4）阈值化检测和边缘连接

为了减少假边缘段的数量，还需要进行阈值分割，将低于阈值的所有值赋零值。但是问题在于如果确定这个阈值的大小，阈值太大会导致部分轮廓丢失，而阈值太小则有假边缘存在。此处使用了双阈值算法，t_1 和 t_2，并且 $t_1 = t_2 + \mathrm{dev}(M)$，其中 dev（$M$）是梯度直方图标准差。从而可以得到两个阈值边缘图像 T_1 和 T_2。其中一个图像有间断点但是含有很少的假边缘，在对该边缘上的点进行连接时，可在另一个图像该像元位置的 8 邻域范围内寻找边缘点，该边缘点在第一个图像中对应的像元位置可对检测的边缘进行补充，直到将第一个图像中的所有间隙连接起来结束。

t_1 和 t_2 的确定过程如下：如图 7.13 所示，首先画出图像梯度图像的直方图，以频率密度最大值作为 t_2 的值，本例数据中 t_2 为 0.565，梯度标准差为 0.289，所以 t_1 为 0.854。图 7.13（b）和 7.13（c）为基于 t_1 和基于 t_1、t_2 的图像分割结果。表 7.2 为不同探地雷达影像的阈值 t_1 和 t_2。所以钢筋反射双曲线的边缘点均可以检测出来。

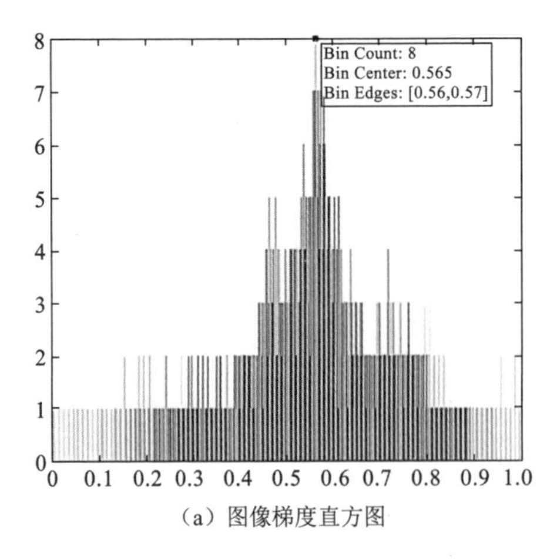

（a）图像梯度直方图

图 7.13　双阈值图像分割

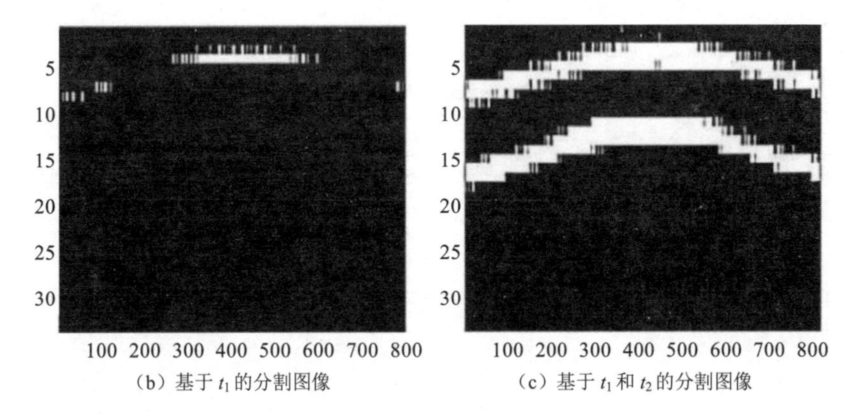

（b）基于 t_1 的分割图像　　（c）基于 t_1 和 t_2 的分割图像

图 7.13　双阈值图像分割（续）

表 7.2　不同 GPR 影像的阈值 t_1 和 t_2

介质	频率	最大频率密度	梯度标准差	t_1	t_2
空气	1	0.565	0.289	0.854	0.565
	3	0.525	0.300	0.825	0.525
沙子	1	0.425	0.200	0.625	0.425
	3	0.435	0.145	0.580	0.435
混凝土	1	0.445	0.255	0.700	0.445
	3	0.455	0.265	0.720	0.455

8. 双曲线拟合

双曲线边缘点检测出来后，进而可拟合曲线。本实验使用的拟合算法是一种线性拟合方法。式（7-18）为双曲线的标准方程：

$$\frac{y^2}{a^2}-\frac{x^2}{b^2}=1 \tag{7-18}$$

式中：$a>0$；$b>0$；(x, y) 为双曲线的点坐标。如果用 u 代替 y^2，v 代替 x^2，那么式（7-18）可变为

$$\frac{u}{a^2}-\frac{v}{b^2}=1 \tag{7-19}$$

所以，如果把 u 和 v 作为检测点的横纵坐标值，那么根据式（7-19）就很容易地拟合出所要求的双曲线，并求得 a 和 b 的值。根据本实验数据求得的 a 和 b 为 0.28 和 0.79。图 7.14 是探地雷达数据的双曲线拟合结果。

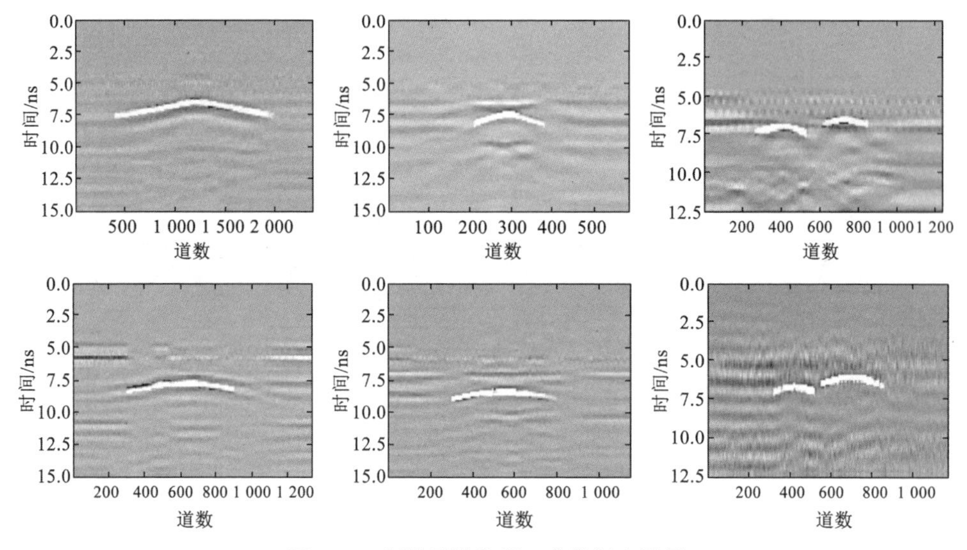

图 7.14　探地雷达数据双曲线拟合结果

7.2.4　介质介电常数的计算

1. 混凝土介电常数计算

一个简单而有效的介电常数确定方法是表面的反射率测量方法，即利用探地雷达技术来测试大体积材料的介电常数（Huston，2011）。该方法的使用具有限制条件，对于混凝土测量来说，这一方法就不适用于旧的、表面粗糙的混凝土块，而对于新的、表面光滑的混凝土块则效果最好。本实验设计的混凝土块为一新制的混凝土板，并在室内养护了 25 天，其完全干燥、表面光滑。

反射系数 R_{12} 是电磁波在介质 1 和介质 2 交界面处入射和反射电磁波的电场强度比率，它的大小与两个介质的介电常数（ ε_1 和 ε_2 ）有关：

$$R_{12}=\frac{\sqrt{\varepsilon_1}-\sqrt{\varepsilon_2}}{\sqrt{\varepsilon_1}+\sqrt{\varepsilon_2}} \tag{7-20}$$

根据电磁波理论可知，电磁波的振幅正比于电场强度。假设混凝土表面反射信号的振幅为 A_{c}，现将一个金属薄板放置于混凝土板表面，再用雷达进行测量，得到金属薄板的反射信号振幅为 A_{pl}，由于金属板为一良导体，电磁波几乎全部反射回去，所以其反射振幅可等同于方向反转的入射波的振幅，有 $R_{12}=-A_{\mathrm{c}}/A_{\mathrm{pl}}$，进而得到

$$\varepsilon_{\mathrm{c}}=\left[\frac{1+\left(\dfrac{A_{\mathrm{c}}}{A_{\mathrm{pl}}}\right)}{1-\left(\dfrac{A_{\mathrm{c}}}{A_{\mathrm{pl}}}\right)}\right]^2 \tag{7-21}$$

如果已知 A_c 和 A_{pl} 这两个数值，并将其代入式（7-21）则可以计算大块混凝土板的介电常数 ε_c。基于这一理论，本实验设计了一个混凝土介电常数的求解实验模型，如图 7.15 所示。图 7.15（a）为混凝土板探测模型，图 7.15（b）为混凝土板表面增加金属薄板的探测模型。雷达数据收集并处理后，得到了其反射波的图像，如图 7.16 所示。根据两个曲线，找到两个反射的振幅最大值点并查询其结果，$A_c = 7\,831$，$A_{pl} = 23\,091$。

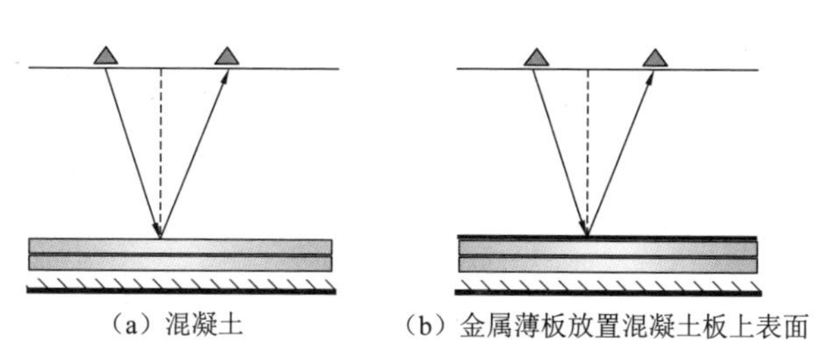

（a）混凝土　（b）金属薄板放置混凝土板上表面

图 7.15　混凝土介电常数估算模型

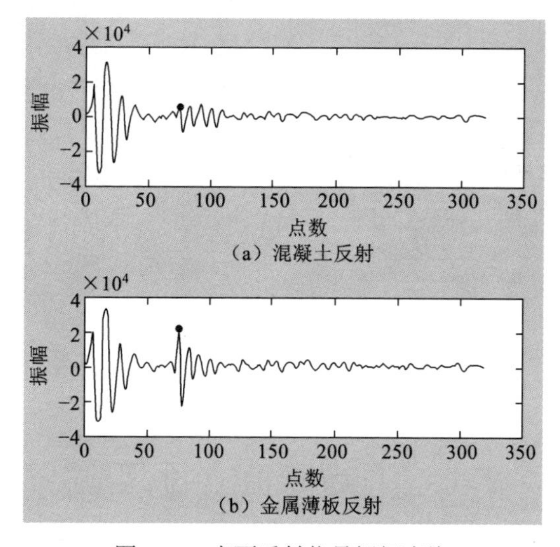

（a）混凝土反射

（b）金属薄板反射

图 7.16　表面反射信号振幅查询

根据式（7-21），求得混凝土板的介电常数为 $\varepsilon_c = 4.1$。

2．沙子介电常数计算

正常情况下，对于介电常数是 ε 的介质，电磁波在该介质中的传播速度和某位置的双程走时可以通过式（7-22）和式（7-23）求出

$$V = C / \sqrt{\varepsilon} \tag{7-22}$$

$$t = h/(2 * V) \tag{7-23}$$

式中：h 为该介质中某目标物的深度；C 为光速。如图 7.17（a)，为一个介电常数求解模型。将沙子充满一个长宽高为 0.63 m×0.45 m×0.25 m 的塑料盒子，然后将一个直径为 2 cm 的钢筋预先埋入沙盒中，埋深为 0.08 m。然后用探地雷达进行数据采集，图 7.17（b）为处理后的雷达图像。根据式（7-22）和（7-23）有

$$\varepsilon_s = \left[C \times (t_2 - t_1)/(2 \times h_2)\right]^2 \tag{7-24}$$

式中：ε_s 为沙子的介电常数；t_1 和 t_2 分别为沙子上表面反射和钢筋反射的双程走时；h_2 为钢筋的埋深。将各个参数值代入式（7-24)，即可得到沙子的介电常数 ε_s 为 3.51。

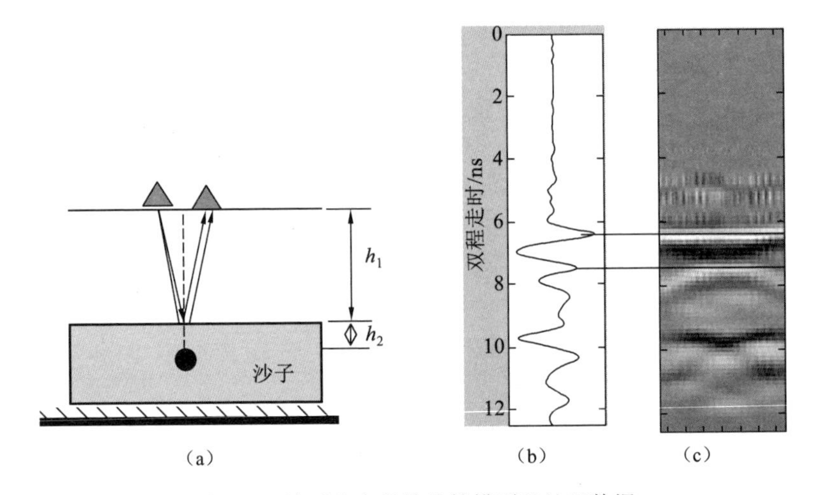

图 7.17　沙子介电常数估算模型及处理数据

7.3　正演模拟对比实验

为了深入了解理想情况下 GPR 反射剖面的特性，同时与室内实际测试结果进行对比，本书通过正演模型的方法进行雷达数值的模拟。

7.3.1　正演模拟方法

当前，对雷达波进行正演模拟方法主要包括时间域有限差分法、矩量法、有限元法和边界元法。本书采用的是时间域有限差分法（FDTD)，并通过 GPRMAX V2.0 软件实现。

Yee 于 1966 年首次提出了 FDTD 法。其原理是首先对电磁场 E 和 H 两个分量在空间和时间上进行离散化，各产生四个分量。然后利用这种离散分量将麦克斯韦方程组转化为一组差分方程，进而在时间轴上依次求解空间电磁场。经过几十年的发展，FDTD 法已经逐渐成熟，并被广泛地应用（方广有 等，1999）。

7.3.2 正演模型的建立与数值模拟

1. 正演模型的建立

为了与室内测试结果进行一一对比，本正演模型实验中所建立的正演模型与室内实验模型相同。模拟模型建立过程如下。

1）钢筋在空气中

```
#domain: 1.21 1.1
#dx_dy: 0.0025 0.0025
#time_window: 15e-9
#box: 0.0 0.0 1.21 1 free_space
#cylinder: 0.605 0.695 0.01 pec
#line_source: 1.0 1e9 ricker MyLineSource
#analysis: 96 air1.sca b
#tx: 0.075 1.0025 MyLineSource 0.0 15e-9
#rx: 0.125 1.0025
#tx_steps: 0.01 0.0
#rx_steps: 0.01 0.0
#end_analysis:
#geometry_file: air1.geo
#title: Model of rebar _uvm
#messages: y
```

2）钢筋在沙子中

```
#medium: 3.5 0.0 0.0 0.01 1.0 0.0 sand
#medium: 4.1 0.0 0.0 0.01 1.0 0.0 concrete
#domain: 1.21 0.72
#dx_dy: 0.0025 0.0025
#time_window: 15e-9
#box: 0.0 0.0 1.21 0.61 free_space
```

```
#box: 0.0 0.0 1.21 0.1 concrete
#box: 0.325 0.1 0.885  0.37 sand
#cylinder: 0.605 0.2625 0.0075 pec
#line_source: 1.0 1e9 ricker MyLineSource
#analysis: 96 sand1.sca b
#tx: 0.075 0.6125 MyLineSource 0.0 15e-9
#rx: 0.125 0.6125
#tx_steps: 0.01 0.0
#rx_steps: 0.01 0.0
#end_analysis:
#geometry_file: sand1.geo
#title: Model of rebar _uvm
#messages: y
```

3）钢筋在混凝土板中

```
#medium: 4.1 0.0 0.0 0.01 1.0 0.0 concrete
#domain: 1.5 0.62
#dx_dy: 0.0025 0.0025
#time_window: 15e-9
#box: 0.0 0.0 1.5 0.49 free_space
#box: 0.0 0.0 1.5 0.4 concrete
#cylinder: 0.49 0.2849 0.0075 pec
#cylinder: 1.02 0.2939 0.0075 pec
#line_source: 1.0 1e9 ricker MyLineSource
#analysis: 125 concrete1.sca b
#tx: 0.075 0.4925 MyLineSource 0.0 15e-9
#rx: 0.125 0.4925
#tx_steps: 0.01 0.0
#rx_steps: 0.01 0.0
#end_analysis:
#geometry_file: concrete1.geo
#title: Model of rebar _uvm
#messages: y
```

正演模拟的几何模型如图 7.18 所示。

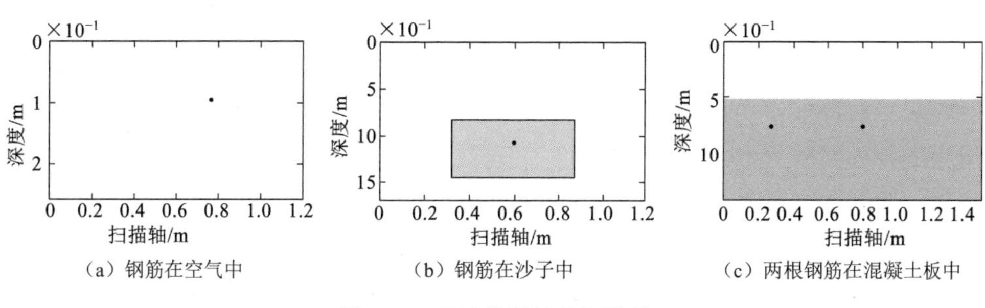

（a）钢筋在空气中　（b）钢筋在沙子中　（c）两根钢筋在混凝土板中

图 7.18　正演模拟的几何模型

黑点表示钢筋截面

2．数值模拟

根据建立的正演模型通过 GPRMAX V2.0 软件进行数值的模拟，模拟运算时对用到的激励信号源频率参数进行改变，依次采用 1 GHz 和 3 GHz 的频率信号。数值模拟结果如图 7.19 所示。

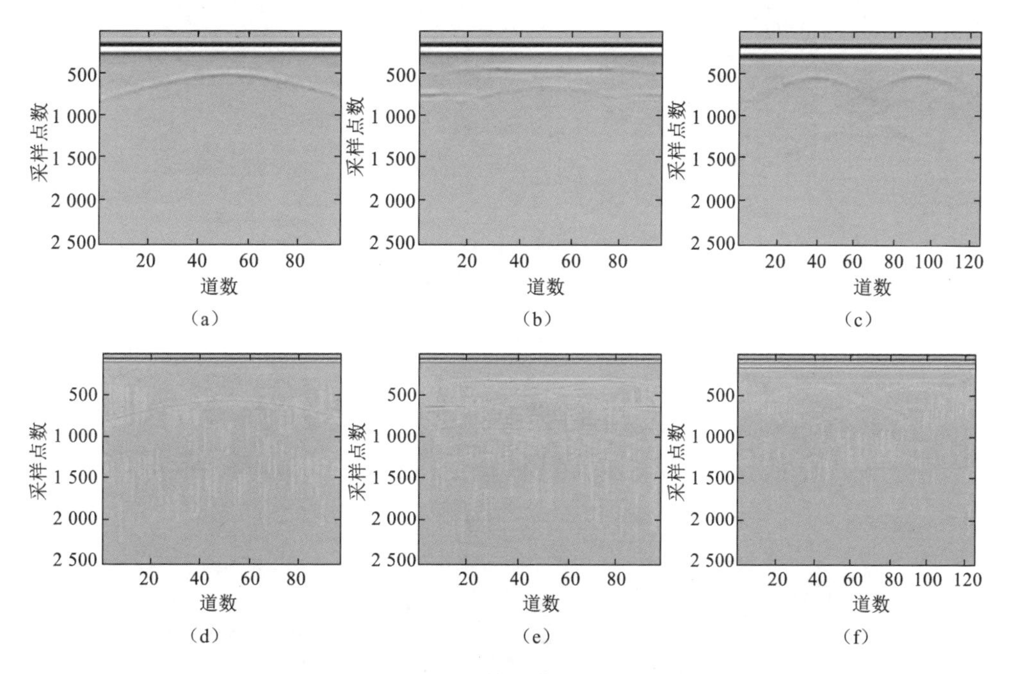

图 7.19　数值模拟结果

频率为 1 GHz 图像：（a）钢筋在空气中；（b）钢筋在沙子中；（c）两根钢筋在混凝土板中

频率为 3 GHz 图像：（d）钢筋在空气中；（e）钢筋在沙子中；（f）两根钢筋在混凝土板中

7.3.3　正演模拟数据的处理

在车载探地雷达数据处理软件中，对模拟数据进行处理，处理步骤与室内测试结果的处理步骤大致相同，只是省略了数据压缩、层位校正和射频干扰噪声去除的步骤。基本步骤如下：零线标定、系统噪声去除、滤波处理、图像增益、目标区域确定、边缘点检测、双曲线拟合。其中，模拟数据目标区域及其双曲线拟合结果如图7.20和图7.21所示。

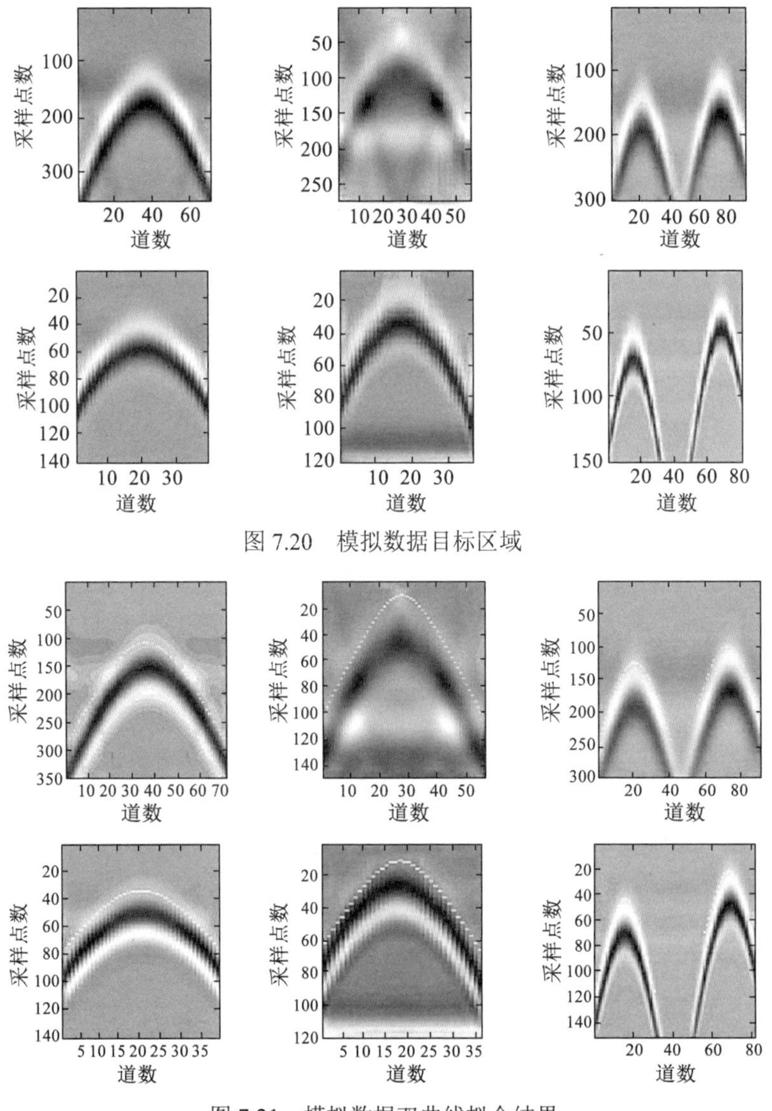

图 7.20　模拟数据目标区域

图 7.21　模拟数据双曲线拟合结果

7.3.4　实验结果对比分析

1．深度估计

由 7.32 节和 7.33 节可知，在双曲线拟合处理过程中可以得到拟合系数 a 和 b，所以在探地雷达图像中双曲线的顶点坐标可以很容易地求出，该顶点坐标即被认为是钢筋在介质中的真实位置。一旦钢筋反射的双程走时得到之后，如果已知介质的速度（可以根据介电常数求解），那么钢筋的深度就可以求解。如图 7.22 所示，0 时刻线已被标定出来，根据双曲线拟合结果，查询过顶点的道数据，即可得到双程走时 t。然后应用通过式（7-22）和式（7-23）求算出钢筋的深度 h。

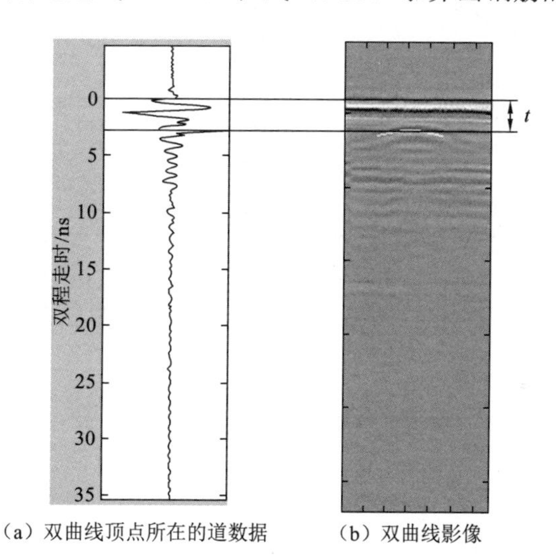

（a）双曲线顶点所在的道数据　（b）双曲线影像

图 7.22　双曲线查询双程走时 t

根据上述方法对所有雷达图像和数值模拟图像进行处理，测得结果如表 7.3 和表 7.4。

表 7.3　探地雷达深度探测结果与误差分析

介质		频率/GHz	双程走时/ns	探测深度/cm	实际深度/cm	误差/cm	误差/%
空气	钢筋 1#	1	1.69	29.98	29.5	0.48	1.63
		3	2.94	44.03	45	−0.97	2.16
沙子	钢筋 2#	1	1.17	9.36	10	−0.64	6.4
		3	1.345	10.76	10	0.76	7.6

续表

介质		频率 /GHz	双程走时 /ns	探测深度 /cm	实际深度 /cm	误差 /cm	误差 /%
混凝土	钢筋 3#	1	1.58	11.66	10.76	0.9	8.4
		3	1.375	10.18	10.76	−0.58	5.3
	钢筋 4#	1	1.25	9.25	9.86	−0.61	6.18
		3	1.195	8.85	9.86	−1.01	10.2

表 7.4　数值模拟深度估算结果与误差分析

介质		频率 /GHz	双程走时 /ns	探测深度 /cm	实际深度 /cm	误差 /cm	误差 /%
空气	钢筋 1#	1	2.01	30.14	29.5	0.64	2.17
		3	2.94	44.02	45	−0.98	2.18
沙子	钢筋 2#	1	1.26	10.05	10	0.05	0.5
		3	1.26	10.09	10	0.09	0.9
混凝土	钢筋 3#	1	1.36	10.08	10.76	−0.68	6.32
		3	1.40	10.39	10.76	−0.43	4
	钢筋 4#	1	1.21	8.95	9.86	−0.91	9.23

2．精度评价

一般情况下，探测的精度受两方面的影响：一个是探地雷达系统本身在数据采集过程中的误差，另一个是数据处理过程中引起的误差。为了对高速双通道探地雷达系统和数据处理方法所得到的结果精度有一个完整的了解，本书以模型实际量测深度为真实值，对探测结果进行精度评估。如果忽略测量误差，那么精度分析可以通过式（7-25）计算：

$$\sigma = \pm\sqrt{\frac{\sum_{i=1}^{n}(R_i - Z_i)^2}{n}} \tag{7-25}$$

式中：σ 为结果的均方根误差；n 为样本数量；R_i 为深度的真值，即量测值；Z_i 为处理解译的结果值。根据表 7.2 和表 7.3 的结果，探地雷达数据和数值模拟数据的处理结果精度分别为±0.77 cm 和±0.62 cm。与模拟数据相比，该高速双通道探地雷达系统能准确地对混凝土中的钢筋深度进行探测。另外，如果考虑两个天线的间距，该精度会得到一定的提高。

7.4　室外道路检测实验

7.4.1　实验方案设计

高速双通道探地雷达系统设计最终目的是为了公路桥梁的病害特征检测，从而掌握公路的质量、生命周期状况。本节的重点是通过室外道路实验，包括城市普通公路实验及高速公路实验，用来检测公路的质量。本实验的实验场景如图 7.23 所示。

（a）Shelburne 路面探测

（b）I89 号高速公路探测

图 7.23　实验场景

（1）2011 年 11 月 12 日，在佛蒙特州伯灵顿市内的 Shelburne 路上应用该雷达设备进行探测，车载系统行驶速度为 45 km/h。

（2）2011 年 11 月 15 日，在佛蒙特州伯灵顿市附近的 I89 号高速公路上进行了探测，车载系统行驶速度为 70 km/h。

7.4.2　实验参数选取

1. 天线中心频率

道路检测包括表层、中间层和基层的检测，其厚度在 3～5 m。靠近路面的缺陷一般深度和尺寸较小，可采用高频波；而路面路基较深处的变形一般深度和尺寸较大，可采用低频波。考虑本次道路探测的特殊性，即探测道路目标体埋深在 3 m 以内，因此两个通道的天线中心频率分别采用 200 MHz 和 1 GHz 进行探测。

2. 时窗

若已知检测目标的厚度约为 3 cm，介电常数为 15，则根据式（7-3）进行时窗计算，所以本次实验选择的时窗为 70 ns。

3．采样率

该系统的实时采样率为 8 Gsa/s，采样间隔为 125 ps。所以单脉冲的采样点个数为 70 ns/125 ps＝560。

7.4.3 数据采集

鉴于 Vermont 州政府对不同等级道路限速的不同，城市道路最高限速 25～35 mph（mile per hour）（45～63 km/h），州内高速公路最高限速为 60 mph（108 km/h），本次实验中，城市道路探测实验中车载系数据采集速度为 45 km/h，州内高速公路 I89 探测实验中车载系数据采集速度为 70 km/h。探地雷达数据采集结果以城市道路探测中测量轮测量距离的 1 200～1 260 m 段为例，截取部分如图 7.24 所示。

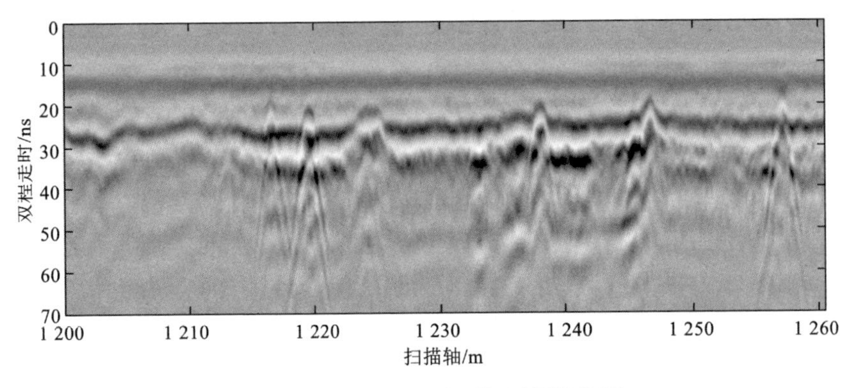

图 7.24　Shelburne 路面探测原始数据

7.5 室外实验数据处理与结果分析

7.5.1 室外实验数据处理

室外道路探测结果数据的处理步骤基本上和室内实验的数据处理步骤一致，也要经过数据压缩、层位校正、零线标定、系统噪声去除、射频干扰噪声去除、滤波处理及增益处理等。与室内实验的不同之处在于，室外实验条件更为复杂多变，如要获取有用的目标信息还要用到其他滤波处理方法，主要包括小波变换、二维滤波、反褶积、数学运算等，可结合具体检测情况进行选用。具体数据处理流程如图 7.25 所示。

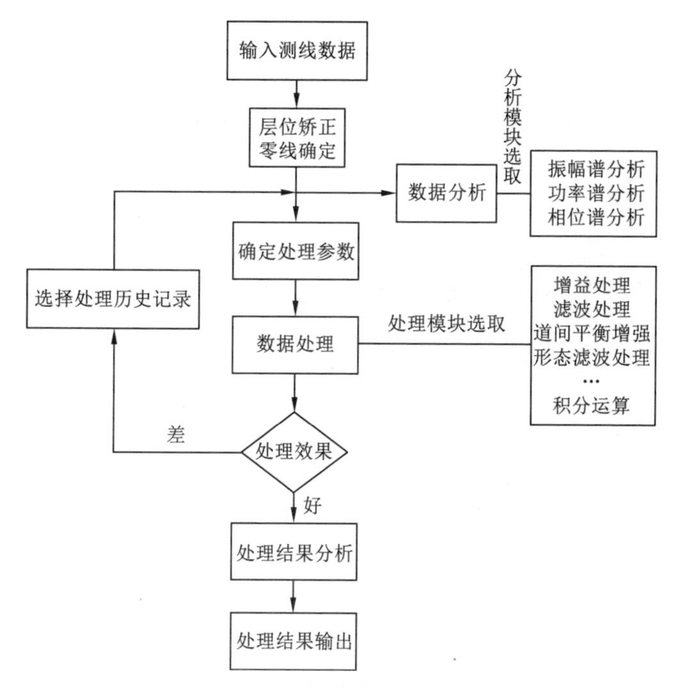

图 7.25 雷达数据处理流程

以图 7.24 中 Shelburne 路面探测原始数据截取片段为例，说明整个室外实验数据的处理流程。该数据段首先经过数据压缩、层位校正、零线标定、背景噪声去除和滤波处理等操作步骤，其结果如图 7.26 所示。

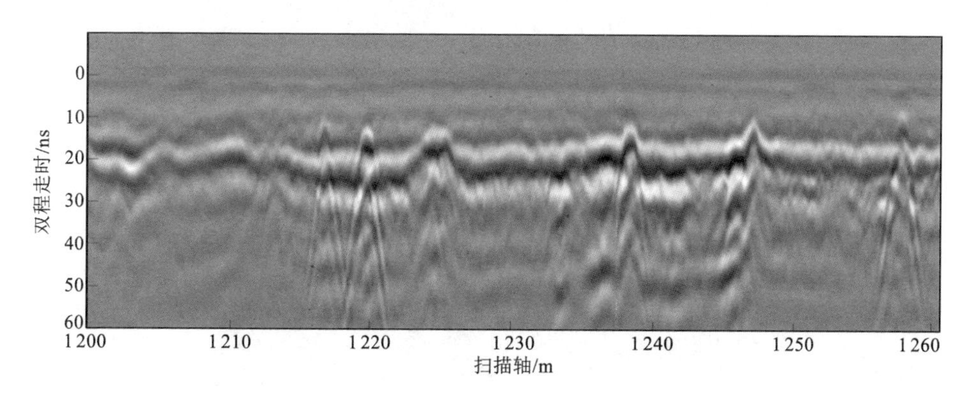

图 7.26 图像预处理结果

对图 7.26 中结果进行图像增益处理，如图 7.27 所示，后在处理结果图像上对特征目标体进行标定，其中水平方向的三条曲线为地层分界线，黑色线表示地表层，下面两条白线分别表示沥青层与碎石层、碎石层与图层的交界线。另外，黑色圈表示类地下管道的可能位置,可以发现在该 60 m 长度的范围内有大概 7 条不同管径、不同深度的类地下管道目标体。同理，对 I89 高速公路路面检测数据，以 1 022～1 027 m 段和 5 280～5 760 m 段的数据为例进行了分析，分别代表了 I89 高速公路混凝土钢筋探测及路面层次探测，其结果如图 7.28 所示。

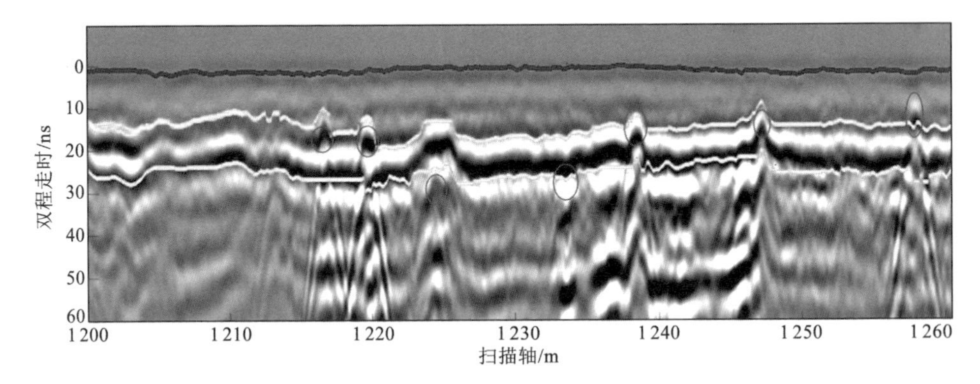

图 7.27　图像增益处理及特征目标标定

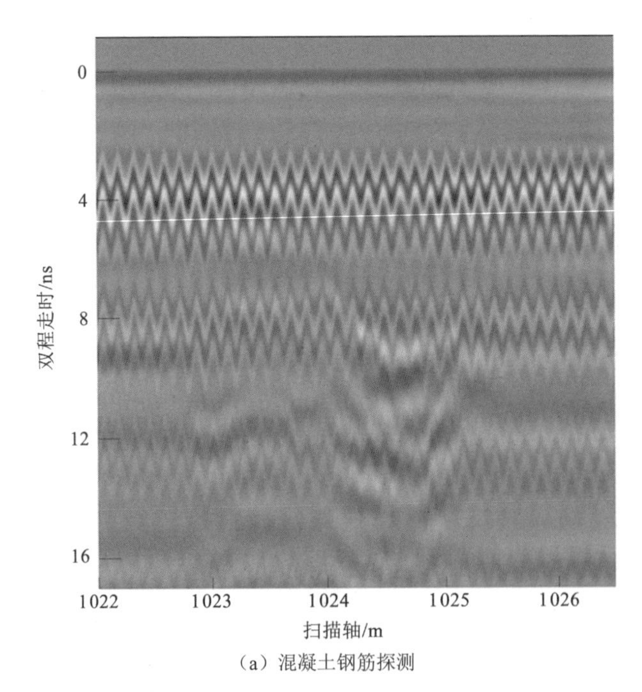

（a）混凝土钢筋探测

图 7.28　I89 高速公路探测结果

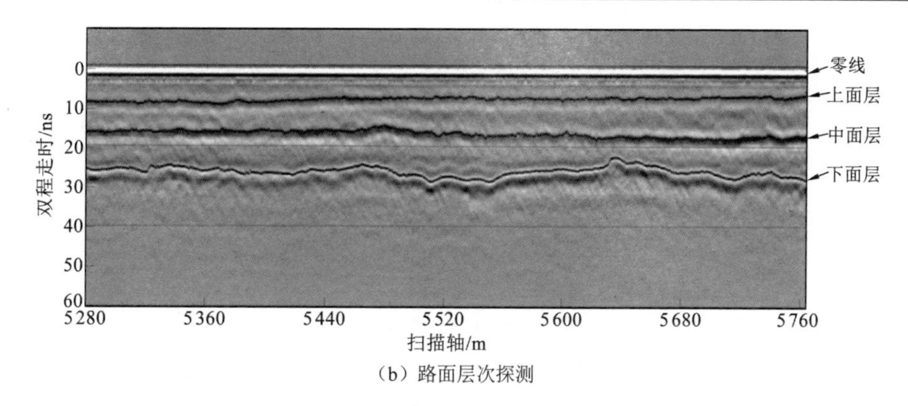

（b）路面层次探测

图 7.28　I89 高速公路探测结果（续）

7.5.2　实验结果分析

1. 雷达数据结果分析

从雷达时间剖面分析，主要分析沿水平方向同一时间深度的雷达波横向变化。对于常用路面材料，水的相对介电常数最大，空气的介电常数最小，其他物质的介电常数介于两者之间。因此，当道路结构层内出现病害时，其结构层构成组分的“固、液、气”三相比也会发生相应变化，其相对介电常数的变化成为探地雷达方法检测道路结构层缺陷的理论依据之一。

经过数据分析处理，从获得的雷达图像（图 7.29）中可以分出如下类别特征。

（1）空洞异常呈现低频弱反射。

（2）松散异常主要呈现雷达回波的同相轴断裂起伏，局部能量较强。

（3）欠实异常主要表现为同相轴不连续，回波杂乱，受各反射点回波信号的相互叠加、相互削弱，回波能量相对变弱。

（4）结构异常表现为较强反射，层位连续，但有别于设计要求。

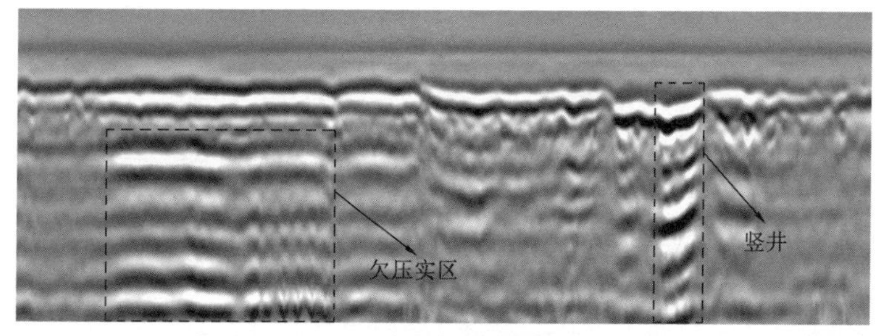

（a）欠压实区和竖井

图 7.29　异常图像判别

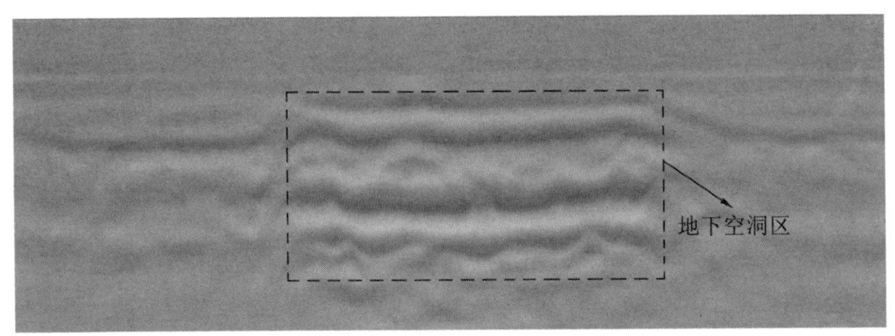

（b）地下空洞区

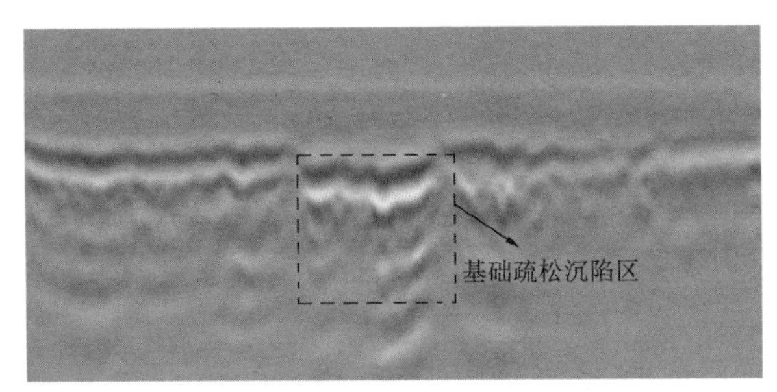

（c）基础疏松沉陷区

图 7.29　异常图像判别（续）

2. 病害成因分析

影响道路安全的路面路基缺陷异常一般可分为四类，即空洞（或脱空）、松散、欠实与结构异常（或局部沉陷），具体情况见表 7.5。

表 7.5　缺陷异常分类表

序号	缺陷性质	可能引发的病害隐患	分类	处理建议
1	空洞（或脱空）	坍塌、开裂	I	钻孔验证、二灰碎石等回填并注浆加固
2	松散	路面出现破损，龟裂或沉陷	II	加强巡查监测，及时养护，并压注砂浆
3	欠实	车辙、沉陷	III	加强巡查，及时养护
4	结构异常	引起构件滑动错位隐患	IV	加强巡查

（1）空洞（脱空）：是道路安全运营破坏力最大的病害诱因，直接导致路面开裂和塌陷。引起道路脱空或空洞的主要因素有：①由于地下工程（地铁或管道等）施工扰动致使土层固结失效流失；②基坑和抽取地下水等各种降水施工造成的水土损失产生；③管线渗漏等造成的水土损失产生。

路基空洞的形成与路基疏松基本接近，可以认为路基空洞一般是由于路基出现的疏松没有及时发现和处理而发展来的，最终引发道路开裂坍塌的突发事件。

（2）松散欠实：在荷载作用和地表水浸入条件下，路基土体软化导致疏松，极易引发道路沉陷变形，长期发展会形成地下空洞（脱空）而造成坍塌事故。其成因主要有：①路基填筑材料不适宜；②不同的填料混合施工引起；③碾压不规范造成压实度不足；④城市道路路基内各种管线、检查井等地下设施周围水体渗漏；⑤地铁施工引起路基土体疏松。

（3）结构异常：由于施工工艺限制造成道路结构无法按设计要求施工，如桥头搭板基础填土密实性差和各标段接头结构搭接错位等现象，因而无法达到设计参数的技术要求。

参考文献

陈洁, 2007. 超宽带雷达信号处理及成像方法研究. 北京: 中国科学院研究生院

陈义群, 肖柏勋, 2005. 论探地雷达的现状与发展. 工程地球物理学报, 2(2): 149-155

都亮, 龚晓峰, 侯志红, 2004. 基于虚拟仪器Labview开发的串行通讯系统. 控制工程(11): 82-85

方广有, 张忠治, 汪文秉, 1999. FDTD法分析无载频脉冲探地雷达特性. 电子学报, 27(3): 74-78

冯慧民, 2004. 地质雷达在隧道检测中的应用. 现代隧道技术, 41(4): 67-50

黄伟, 2010. 步进频率连续波探地雷达耦合抑制技术研究. 北京: 国防科学技术大学

金桃, 张美珍, 2002. 公路工程检测技术. 北京: 人民交通出版社

孔 J A, 1982. 电磁波理论. 霍美瑜, 译. 北京: 人民教育出版社

李大心, 2006. 探地雷达方法与应用. 北京: 地质出版社

李家伟, 2002. 无损检测手册. 北京: 机械工业出版社

梁甸农, 陆仲良, 等, 1998. 超宽带雷达技术. 国防科技参考, 19(1): 71-73

刘英利, 2007. 地质雷达在工程物探中的应用研究. 成都: 成都理工大学

马冰然, 2003. 电磁场与微波技术. 广州: 华南理工大学出版社

孟凡菊, 2010. 探地雷达数据处理软件的开发. 北京: 中国地质大学

孟丽娟, 2008. 基于超宽带探地雷达技术的自来水管道泄漏探测研究. 呼和浩特: 内蒙古大学

盛安连, 1996. 路基路面检测技术. 北京: 人民交通出版社

孙军, 应后强, 王国群, 2001. 探地雷达在公路检测中的应用. 公路(3): 59-61

宋水淼, 张晓娟, 徐诚, 2003. 现代电磁场理论的工程应用基础—电磁波基本方程组. 北京: 科学出版社

石宁, 陈佩茹, 2004. 探地雷达的基本原理及其在沥青路面中的应用. 中外公路, 24(1): 75-78

粟毅, 黄春琳, 雷文太, 2006. 探地雷达理论与应用. 北京: 科学出版社

王蔷, 李国定, 龚克, 2001. 电磁场理论基础. 北京: 清华大学出版社

王惠濂, 1993. 探地雷达概论. 地球科学, 18(3): 251-252

吴秉横, 纪奕才, 方广有, 2009. 一种新型探地雷达天线的设计分析. 电子与信息学报, 31(6): 1487-1489

吴丰收, 2009. 混凝土探测中探地雷达方法技术应用研究. 长春: 吉林大学

吴建斌, 田茂, 李太全, 2009. 一种改进的探地雷达蝶形天线.仪器仪表学报, 5(30): 1059-1062

薛桂玉, 余志雄, 2004. 地质雷达技术在堤坝安全检测中的应用. 大坝与安全(1): 13-19

许献磊, 赵艳玲, 王方, 等, 2012. 探地雷达探测地埋管径研究综述. 地球物理学进展, 27(5): 2206-2215

许新刚, 李党民, 周杰, 2006. 地质雷达探测中干扰波的识别及处理对策. 工程地球物理学报

(2): 114-118

杨峰, 彭素萍, 等, 2010. 地质雷达探测原理与方法研究. 北京: 科学出版社

杨峰, 高云泽, 康文献, 2005. 地质雷达剖面高压线干扰的识别与去除. 工程地球物理学报(4): 276-281

杨健, 张毅, 陈建勋, 2001. 地质雷达在隧道工程质量检测中的应用. 公路(3): 62-64

杨俊国, 2011. 探地雷达探测土壤地埋管管径研究. 北京: 中国矿业大学

叶良应, 谢慧才, 徐茂辉, 2006. 地铁隧道衬砌脱空的雷达探测法. 施工技术，34(6): 12-14

于晓东, 阮成礼, 2009. 基于 SRD 的超宽带脉冲发生器. 2009 年全国天线年会论文集(下): 1691-1693

叶永清, 2010. Labview 网络讲坛: 深入浅出 TDMS 文件格式. http://docin.com/p-209254802.html [2010-10-15]

赵璐璐, 2009. 探地雷达在道路质量检测中的应用研究. 北京: 中国地质大学

赵永贵, 2003. 首届探地雷达技术骨干培训班讲义.昆明, 3

张山, 陆曙明, 1998. 地质雷达检测公路面层厚度的可靠性和必要性. (2015-7-21)[2010-10-15]. www.docin.com/p-1583622380.html.

张虎生, 兰樟松, 张炎孙, 等, 2001. 雷达无损检测技术及其在钢混构(物)件质量检测中的应用效果. 江西地质, 15(1): 57-60

周晓明, 马秋禾, 肖蓉, 等, 2008. 一种改进的 Canny 算子边缘检测算法. 测绘工程, 17(2): 28-31

周黎明, 王法刚, 2003. 地质雷达检测隧道衬砌混凝土质量. 岩土工程界, 6(3): 73-76

曾昭发, 刘四新, 王者江, 等, 2006. 探地雷达方法原理及应用. 北京: 科学出版社

ATTOH O, NII O, RODDIS W M K, 1994. Pavement thickness variability and its effect on determination of Moduli and Remaining life. Transportation research record, 1449: 39-45

BARRETT T W, 2002. History of UltraWideBand (UWB) Radar & Communication: Pioneers and Innovator. Proc.IEEE UWBST

BENEDETTO A, BENEDETTO F, 2002. GPR experimental evaluaton of subgrade soil characteristics for rehabilitation of roads, Washington. WA: 708-714

BENEDETTO A, DE BLASIIS M R, 2001. Road pavement diagnosis. Quarry construct, 6: 93-111

BUNGEY J H, MILLARD S G, 1993. Radar inspection of structures. Institution of civil engineers-structures & buildings, 99(2): 173-186

CANNY J, 1986. A computational approach to edge detection. IEEE transactions on pattern analysis and machine intelligence, 8: 679-698

CRAMER J M, WIN M Z, SCHOLTZ R A, 2002. Evaluation of an ultra-wide-band propagation channel. IEEE transactions on antennas propagation, 50(5): 561-570

DANIELS D J, 2004. Ground penetrating radar. 2nd. London: The Institute of Electrical Engineers

DANIELS D J, 1996. Surface-penetrating radar. Electronics & communication engineering journal, 8(4): 165-182

EDOARDO P, FARID M, MASSIMO D, 2009. Automatic analysis of GPR images: a

pattern-recognition approach. IEEE transactions on geoscience and remote sensing, 47: 2206-2216
FANG J, 1989. Time domain finite difference computation for Maxwell's equations. Berkeley: The University of California
FEDERAL COMMUNICATIONS COMMISSION, 2002. First report and order in the matter of revision of part 15 of the commission's rules regarding ultra-wide-band transmission systems. Tech. Rep. ET-Docket 98-153, FCC 02-48
HAN J, NGUYEN C, 2002. A new ultra-wide-band, ultra-short monocycle pulse generator with reduced ringing. IEEE microwave and wireless components letters, 12(6): 206-208
HAN J, NGUYEN C, 2005. Coupled-slotline-hybrid sampling mixer integrated with step-recovery -diode pulse generator for UWB applications. IEEE transactions on microwave theory and techniques, 53(6): 1875-1882
HANS S, 吕文俊, 2012. 超宽带(UWB)天线原理与设计. 北京：人民邮电出版社
HARRY M JOL, 2009. Ground penetrating radar theory and applications. Amsterdam, Netherlands: Elsevier
HUANG Y H, 1993. Pavement analysis and design. New Jersey: Prentice Hall
HULSMEYER C, 1904. German Pat, No.165546
HUSTON D, 2011. Structural sensing health monitoring and performance evaluation. Boca Raton: CRC Press
KEMPEN L M V, 2000. New results on clutter reduction and parameter estimation for land mine detection using GPR// Eighth International Conference on Ground
KIKKAWA T, SAHA P K, SASAKI N, et al., 2008. Gaussian monocycle pulse transmitter using 0.18 μm CMOS technology with on-chip integrated antennas for inter-chip UWB communication. IEEE journal of solid-state circuits, 43(5): 1303-1312
LAHOUAR S, 2003. Development of data analysis algorithms for interpretation of ground penetrating radar data. Blacks Burg, VA: Virginia Tech
LANGMAN A, INGGS M R, FLORES B C, 1994. Improving the resolution of a stepped frequency CW ground penetrating radar. SPIE - the international society for optical engineering, 2275: 146-155
LEIMBACH G, Lowy H, 1910. German Pat, No.237944
LEMAIRE O, XIA T, 2009. Design of a monolithic width programmable Gaussian monocycle pulse generator for Ultra WideBand radar in CMOS technology. 2009 Joint IEEE North-east Workshop on Circuits and Systems and TAISA Conference
MA T G, WU C J, CHENG P K, et al., 2007. Ultra-wide-band monocycle pulse generator with dual resistive loaded shunt stubs. Microwave and optical technology letters, 49(2): 459-462
MOREY R, 1998. Ground penetrating radar for evaluating subsurface conditions for transportation facilities. Transportation Research Board
MASER K R, 1994. Highway speed radar for pavement thickness evaluation// Proceedings of the

Fifth International Conference on Ground penetrating radar, Kitchener, Ontario, Canada

NATIONAL INSTRUMENTS, 2010. TDMS file format internal structure. (2014-6-23) [2018-11/29]. http://www.ni.com/white -paper/5696/en#toc1.

PENG S P, YANG F, 2004. Fine geological radar processing and interpretation. Applied geophysics, 1(2): 89-94

RUMSEY V H, 1958. Frequency independent antennas. 1958 IRE international Convention Record: 5(3): 114-118

SALVADOR S M , VECCHI G, 2007. On some experiments with UWB microwave imaging for breast cancer detection. Antennas and propagation society international symposium, 2007 IEEE: 253-256

SCULLION T, LAU C L, CHEN Y, 1994. Performance specifications of ground penetrating radar. the Fifth International Conference on Ground penetrating radar. Kitchener, Ontario, Canada

SOMAYAZULU V S, FOERSTER J R, ROY S, 2002. Design challenges for very high data rate UWB systems. Circuits, systems and computers (1): 717-721

TAFLOVE A, 1998. Advances in computational electrodynamics: the finite-difference time-domain method . Norwood, MA: Artech House

TIAN X, VENKATACHALAM A S, HUSTON D R, 2012. A high-performance low-ringing ultrawideband monocycle pulse generator. IEEE transactions on instrumentation and measurement, 61(1): 261-266

VAN KEMPEN L , SAHLI H, BROOKS J, et al., 2000. New results on clutter reduction and parameter estimation for landmine detection using GPR. The international society for optical engineering: 872-879

XU X L, WANG F, XIN K, et al., 2012. Soil layer thickness detection in land rearrangement project by using GPR data. 14th International Conference on Ground Penetrating Radar: 387-392

XU X L, ZHAO Y L, HU Z Q, 2010. Radar image characteristics and detection of irrigating pipeline in infield. The Fourth International Conference on Environmental and Engineering Geophysics

YANG Y Q, FATHY A E, 2009. Development and implementation of a realtime see-through-wall radar system based on FPGA. IEEE Transactions on Geoscience and Remote Sensing, 47(5): 1270-1280

YEE K S, 1966. Numerical solution of initial boundary value problems involving Mxawell's equations in isotropic media. IEEE Transactions on Antennas and Progegation, 14(3): 302-307

YE S B, ZHOU B, 2011. Design of a Novel Ultrawideband Digital Receiver for Pulse Ground-Penetrating Radar. IEEE geoscience and remote sensing letters, 8(4): 656-660

WAHEED UDDIN, 2006. Ground penetrating radar study - phase I technology review and evaluation. (2006-05-31)[2018-10-21]. www.cee.msstate.edu/research/mtrc/

ZHANG C, FATHY A E, 2006. Reconfigurable pico-pulse generator for UWB applications. IEEE MTT-S international microwave symposium: 407-410

ZHANG J, RAISANEN A V, 1996. Computer-aided design of step recovery diode frequence multiplier. IEEE transactions on microwave theory and techniques 44(12): 2612-2616

ZHOU J, GAO X, FEI Y, 2006. A new CAD model of step recovery diode and generation of UWB signals. IEICE Electronics Express, 3(24): 534-539

ZITO F, PETE D, ZITO D, 2010. UWB CMOS monocycle pulse generator. Circuits and systems I: regular papers, IEEE transactions, 57(10): 2654-2664

附录Ⅰ GPR属性数据文件结构

%（1）GPRJobDataset 属性数据设置

```
GPRJobDataset.FileFormatVersion='';
GPRJobDataset.ProjectName='';
GPRJobDataset.SiteLocation='';
GPRJobDataset.SiteDescription='';
GPRJobDataset.Operator='';
GPRJobDataset.DateRecorded='';
GPRJobDataset.TimeRecorded='';
GPRJobDataset.SurveyMode='';
GPRJobDataset.SurveyLine='';
GPRJobDataset.Notes='';
GPRJobDataset.ServiceProvider='';
GPRJobDataset.MapSystem='';
GPRJobDataset.MagneticDeclination='';
GPRJobDataset.LocalOffsetX='';
GPRJobDataset.LocalOffsetY='';
GPRJobDataset.LocalOffsetZ='';
GPRJobDataset.LocalRoll='';
GPRJobDataset.LocalPitch='';
GPRJobDataset.LocalYaw='';
GPRJobDataset.EquipmentManufacturer='';
```

%（2）GPRAntennaDataset 属性数据设置

```
GPRAntennaDataset.ConfigurationIndex='';
GPRAntennaDataset.TXAntennaID='';
GPRAntennaDataset.RXAntennaID='';
GPRAntennaDataset.TXPolarization='';
GPRAntennaDataset.RXPolarization='';
GPRAntennaDataset.TXAntennaModel='';
GPRAntennaDataset.TXAntennaSerialNumber='';
GPRAntennaDataset.RXAntennaModel='';
```

```
GPRAntennaDataset.RXAntennaSerialNumber='';
GPRAntennaDataset.RXFWVersion='';
GPRAntennaDataset.RXSerNum='';
GPRAntennaDataset.TXOffsetX='';
GPRAntennaDataset.TXOffsetY='';
GPRAntennaDataset.TXOffsetZ='';
GPRAntennaDataset.TXRoll='';
GPRAntennaDataset.TXPitch='';
GPRAntennaDataset.TXYaw='';
GPRAntennaDataset.RXOffsetX='';
GPRAntennaDataset.RXOffsetY='';
GPRAntennaDataset.RXOffsetZ='';
GPRAntennaDataset.RXRoll='';
GPRAntennaDataset.RXPitch='';
GPRAntennaDataset.RXYaw='';
GPRAntennaDataset.NumSamps='';
GPRAntennaDataset.SampRate='';
GPRAntennaDataset.NumRangeGains='';
GPRAntennaDataset.RangeGain='';
%（3）GPRTraceDataset 属性数据设置
GPRTraceDataset.ConfigurationIndex='';
GPRTraceDataset.CartXLocation='';
GPRTraceDataset.CartYLocation='';
GPRTraceDataset.CartZLocation='';
GPRTraceDataset.CartXVariance='';
GPRTraceDataset.CartYVariance='';
GPRTraceDataset.CartZVariance='';
GPRTraceDataset.CartRoll='';
GPRTraceDataset.CartPitch='';
GPRTraceDataset.CartHeading='';
GPRTraceDataset.CartHeading='';
GPRTraceDataset.CartPitchVariance='';
GPRTraceDataset.CartPitchVariance='';
GPRTraceDataset.CartSpeed='';
```

```
GPRTraceDataset.Time='';
GPRTraceDataset.RecordCount='';
GPRTraceDataset.WaveformData='';
```

附录 II　GIMAGE 软件的数据文件结构

```
functionDATA=initdatastr()
DATA.origin=[];
DATA.pname=[];
DATA.fname=[];
DATA.d=[];
DATA.ns=[];
DATA.dt=[];
DATA.tt2w=[];
DATA.sigpos=[];
DATA.dz=[];
DATA.z=[];
DATA.zlab=[];
DATA.ntr=[];
DATA.dx=[];
DATA.x=[];
DATA.xlab=[];
DATA.markertr=[];
DATA.xyz.Tx=[];
DATA.xyz.Rx=[];
DATA.TxRx=[];
DATA.Antenna=[];
DATA.DZThdgain=[];
DATA.TimesSaved=0;
DATA.comments=[];
DATA.history=cellstr('');
```

编 后 记

《博士后文库》（以下简称《文库》）是汇集自然科学领域博士后研究人员优秀学术成果的系列丛书。《文库》致力于打造专属于博士后学术创新的旗舰品牌，营造博士后百花齐放的学术氛围，提升博士后优秀成果的学术和社会影响力。

《文库》出版资助工作开展以来，得到了全国博士后管委会办公室、中国博士后科学基金会、中国科学院、科学出版社等有关单位领导的大力支持，众多热心博士后事业的专家学者给予积极的建议，工作人员做了大量艰苦细致的工作。在此，我们一并表示感谢！

《博士后文库》编委会